创新型大学生素质教育精品教材

互联网+教育改革新理念教材

职业形象设计

主审　郭　杰

主编　王志平　赵学凯

内容提要

本书根据最新的教育改革成果，融入活页式理念，在每个任务后设计任务实施，让学生在做中学、在学中做，学会为自己或他人塑造得体的职业形象。本书具体包括绪论、仪容设计、服饰搭配、声音与口语表达、沟通技巧、仪态形象、社交礼仪、职场沟通礼仪、心理形象等九个部分的内容。

本书结构编排合理，内容深入浅出，语言通俗易懂，并配有典型的案例和精美的图片，集实用性、指导性、操作性于一体，可作为各类院校人文素质及职业素质教育的教材。

图书在版编目（C I P）数据

职业形象设计 / 王志平，赵学凯主编. -- 上海 : 上海交通大学出版社，2023.3
ISBN 978-7-313-27089-4

Ⅰ. ①职… Ⅱ. ①王… ②赵… Ⅲ. ①个人－形象－设计 Ⅳ. ①B834.3

中国版本图书馆 CIP 数据核字(2022)第 125514 号

职业形象设计
ZHIYE XINGXIANG SHEJI

主　　编：王志平　赵学凯
出版发行：上海交通大学出版社　　地　　址：上海市番禺路 951 号
邮政编码：200030　　电　　话：021-64071208
印　　制：北京京华铭诚工贸有限公司　　经　　销：全国新华书店
开　　本：787mm×1092mm　1/16　　印　　张：16.75
字　　数：387 千字
版　　次：2023 年 3 月第 1 版　　印　　次：2023 年 3 月第 1 次印刷
书　　号：ISBN　978-7-313-27089-4
定　　价：59.80 元

本书编委会

主　审　郭　杰

主　编　王志平　赵学凯

副主编　朱　琳　马小清

　　　　容　荣　张　钡

前言

PREFACE

职业形象可能影响一个人职业生涯的发展，甚至直接影响其成败。除了学习专业知识与专业技能外，学生还应充分了解自己未来所要从事的职业的特点与要求，并据此来设计适合自己的职业形象，从而为更好地适应未来的职场环境奠定坚实的基础。

为了引导学生树立塑造良好职业形象的意识，指导学生正确塑造职业形象，帮助学生做好上岗准备，编者精心编写了本书。

总体而言，本书具有以下特色。

1．素质教育，立德树人

为了贯彻党的二十大精神，落实立德树人根本任务，本书有机融入了素质教育元素，引导学生树立正确的世界观、人生观和价值观。例如，阐述职业发型设计的相关内容时，介绍我国六朝时期女性的发型，展现我国古代先民的审美情趣，引导学生增强对中华文化的认同感与自豪感；阐述声音“美”的基本标准时，介绍推广普通话的相关规定，调动学生学习普通话的积极性；等等。

2．校企合作，职业引领

在编写本书的过程中，编者走访了多家企业，与多位职场人士进行了深入交流，向他们了解了企业对员工形象的基本要求，从中总结提炼出实用的内容，并将其融入本书中，从而将理论知识与工作实践有机融合，使本书内容与实际工作相结合。

3．活页理念，新颖实用

编者按照“项目引领、任务驱动”的思路进行教材开发设计，并将活页式理念融入本书中。具体而言，本书每个任务均按照“案例导入→相关知识→任务实施”的顺序编排。其中，“案例导入”部分以实际应用为切入点，通过介绍相关案例引出“相关知识”部分将要介绍的内容；“相关知识”部分以“必须、够用”为原则讲解重要理论知识；在“任务实施”部分根据实际工作需要设置实训内容，旨在培养学生的职业素养。

4．平台支撑，资源丰富

本书有机融入了“互联网+”思维，读者可以借助手机或其他移动设备扫描书中的二维码获取重要知识点的微课，也可登录文旌综合教育平台“文旌课堂”（www.wenjingketang.com）查看和下载本书配套资源，如优质课件、教案等。读者在阅读过程中有任何疑问，都可以登录该平台寻求帮助。

此外，本书还提供了在线题库，支持“教学作业，一键发布”，教师只需通过微信或“文旌课堂”App 扫描二维码，即可迅速选题、一键发布、智能批改，并查看学生的作业分析报告，提高教学效率、提升教学体验。学生可在线完成作业，巩固所学知识，提高学习效率。

本书由郭杰担任主审，王志平、赵学凯担任主编，朱琳、马小清、容荣、张钡担任副主编。本书在编写过程中，参考了大量的资料。由于部分资料来自网络，我们未能确认出处，也暂时无法联系到原作者。对此，我们深表歉意，并欢迎原作者随时与我们联系，我们将按规定支付酬劳。

由于编者经历和水平有限，书中存在的疏漏与不妥之处，敬请各位教师和广大读者批评指正。

目录

CONTENTS

绪论

一、什么是职业形象

提到蒙娜丽莎，人们会想到她的微笑；提到林黛玉，人们会想到她多愁善感；提到孙悟空，人们会想到他神通广大……人们对这些人物的印象便是他们展现出来的形象。从心理学的角度看，形象是指人们的视觉、听觉、嗅觉、味觉、触觉等感觉系统在大脑中形成的关于某事物或人的整体印象。

在职场中，人们所展现出来的形象就是职业形象。职业形象不仅包括职场人士的容貌和穿着打扮，还包括其综合素质，能够反映个人的职业特点和内在气质。职业形象的基本要素如下：

职业形象的基本要素

（1）仪容仪表。职场人士的仪容仪表可通过其妆容、发型、服饰等展现出来。职场人士的妆容、发型、服饰不同，给他人留下的印象也不同。例如，穿着西装套裙的职业女性（见图 0-1）会给人留下端庄优雅的印象，穿着连衣裙的职业女性（见图 0-2）会给人留下温柔浪漫的印象。

图 0-1　穿着西装套裙的职业女性

图 0-2　穿着连衣裙的职业女性

（2）言谈举止。职场人士的言谈举止可通过其在交流沟通时的声音、口语表达能力、仪态等展现出来，体现了个人的内在修养。

（3）精神风貌。职场人士的精神风貌可通过其性格、情商、价值观、道德品质等展现出来，是个人心理特征的外在表现。

探索与交流

问题一：与他人第一次见面时，你最在意对方哪方面的形象？

问题二：在职业形象的基本要素中，你认为哪个要素最重要？为什么？

二、职业形象设计的作用

（一）形成良好的第一印象

第一印象是指人们在首次接触某一事物或人后，对其形成的印象。研究表明，第一印象不管正确与否，总是最鲜明、最深刻的，并且影响着人们对该事物或人以后的认知。第一印象主要来源于一个人的妆容、发型、服饰和言谈举止，而这些是构成职业形象的基本要素。由此可见，良好的职业形象有助于给他人留下良好的第一印象，从而为后续的交流沟通奠定基础。

（二）促进职场沟通

影响职场沟通的因素包括仪容仪表、沟通技巧、仪态、性格等。如果一个人的职业形象不佳，如盛气凌人、狡诈虚伪等，就会使沟通对象产生排斥心理。而良好的职业形象有助于缩短沟通双方之间的心理距离，使沟通对象感到心情愉悦，从而保障沟通的顺利进行。

（三）建立职业公信力

职业公信力即社会公众对某种职业的信任程度，受职业形象的影响较大。良好的职业形象有助于社会公众对某种职业产生信任，从而认同和接受该职业。例如，时尚杂志编辑若打扮得十分时髦，则会让人觉得其专业水平较高；反之，则会让人觉得其专业水平不高。

（四）树立良好的企业形象

在职场中，员工的仪容仪表、言谈举止、精神风貌等体现着企业的整体形象。员工良好的职业形象有助于企业在社会公众面前树立良好的形象，从而提高企业的社会影响力。

三、职业形象设计的基本原则

职场人士在设计职业形象时，应遵循以下基本原则：

（1）针对性原则。针对职业性质和职业活动内容进行职业形象设计，以体现不同职业的特点。例如，金融人士应穿职业西装（见图 0-3），空乘人员应穿统一制服（见图 0-4）。

图 0-3　穿着职业西装的金融人士

图 0-4　穿着统一制服的空乘人员

（2）时代性原则。根据时代特征进行职业形象设计，以体现时代风貌，顺应审美趋势。

（3）科学性原则。以色彩学、美学、行为科学、社交礼仪等有关学科的理论知识为指导，采用科学的方法进行职业形象设计。

（4）系统性原则。职业形象设计是一项系统工程，应根据职业形象的构成要素和所从事的职业的特点、环境等，系统地、连贯地、循序渐进地进行职业形象设计。

职业形象设计的基本原则

四、职业形象提升的基本途径

（一）精心包装，形成个人特色

精心包装自己，保持整洁的仪容仪表，穿戴与职业、身份相符的服饰，不仅能够给他人留下良好的第一印象，还有助于形成个人特色，提升职业形象。

（二）注重细节，塑造个人形象

细节决定成败，职业形象设计也不例外。个人的内在涵养往往会在不经意间通过细节体现出来。因此，职场人士要注重细节，从内到外、从局部到整体，全方位塑造个人形象，避免因小失大。例如，一名穿着得体的酒店大堂经理在不经意间露出了泛黄的衣领，使得客人对他的好印象大打折扣。

小节误大事

金先生对某医疗器械制造厂的范厂长既钦佩又感到恼火。在此之前，他还没有遇到过像范厂长这样既难缠又有实力的谈判对手。最初，他认为和务实的范厂长合作，自己的事业一定会蒸蒸日上，于是就接受了范厂长提出的偏高的产品报价。

这天，金先生应范厂长邀请，在正式签订合作协议前参观生产车间。车间井然有序，金先生边参观边称赞车间干净、整洁。走着走着，范厂长觉得嗓子痒，不由得咳了一声，然后就急匆匆向车间一角走去。金先生诧异地看着范厂长，只见范厂长在墙角吐了一口痰。见状，金先生快步走出车间，不顾范厂长的竭力挽留，坚决要回酒店。

第二天一早，金先生的秘书送来了一封金先生写的信："尊敬的范厂长，我十分钦佩您的才智，但您在车间里随地吐痰的一幕令我十分不适。恕我直言，厂长的个人卫生习惯可以反映其工厂的管理水平。况且，贵厂生产的是医疗器械，对卫生的要求应该更严格。此次合作还是作罢吧……"

读完信后，范厂长懊悔不已，没想到自己无意间的一个举动，竟然会造成如此严重的后果。

资料来源：张华，周兴中. 职业形象与职场礼仪［M］. 北京：化学工业出版社，2017.

（三）不断学习，提高专业素养

具备良好的专业素养是提升职业形象的重要途径之一。要想提高专业素养，就要不断学习，不断提高专业技能，养成良好的职业行为习惯。

（四）加强修养，增加人格魅力

人格魅力是指个人在性格、气质、能力、道德品质等方面具有的吸引人的力量。它能够为职业形象增添迷人的色彩。要想增加人格魅力，就要树立正确的价值观，培养积极乐观的心态，不断加强自身修养。

项目一 仪容设计

项目引言

爱美之心，人皆有之。对于职场人士而言，良好的仪容不仅能够反映个人的修养，展现蓬勃的生命力，还能够体现对他人的尊重和自尊自爱，有助于实现与他人的良好沟通，拓宽个人的职业发展空间。

本项目将围绕职业妆容和职业发型，介绍与仪容设计有关的知识。

知识目标

- 学会设计职业妆容。
- 学会设计职业发型。

素质目标

- 深入理解合适的妆容在职场中的重要性，同时正确认识美，适度追求美，学会拒绝“容貌焦虑”。
- 了解我国古代女性妆容的演变和六朝时期女性的发型，感受我国古代先民的审美情趣，增强对中华文化的认同感与自豪感。

任务一　职业妆容设计

案例导入

一天，黄先生与两位好友来到某知名餐厅用餐。接待他们的是一名五官清秀的服务员。服务员的服务态度很好，但是她当天早晨起床较晚，所以没来得及化妆就开始工作了。在餐厅柔和的黄色灯光下，她显得面无血色、病态十足。

用完餐后，黄先生来到柜台结账，收银员却一直对着玻璃墙面补妆，丝毫没有注意到黄先生。直到黄先生出声提醒，收银员才转过身来。此后，黄先生再也没有去过这家餐厅。

请思考：

（1）餐厅服务员在工作中一定要化妆吗？为什么？

（2）职业妆容设计的基本原则有哪些？

（3）职业女性妆容设计的步骤是怎样的？

相关知识

妆容是个人形象的基本要素之一。得体、精致的妆容既能给他人留下良好的第一印象，又能提升自己的气质，增强自己的信心。职场人士应重视自己的形象，善于通过化妆等手段塑造良好的职业形象。

一、职业妆容设计的基本原则

（一）干净清爽原则

干净清爽是职业妆容设计的第一原则。要保持妆容干净清爽，就要做好以下几点：

（1）保持脸部清洁，勤洗脸，及时清除脸部的油脂、汗渍和其他不洁之物。

（2）保持眼部干净，及时清理眼角的分泌物。若戴眼镜，则要经常擦拭或清洗镜片。

（3）保持耳朵干净，及时清除耳孔中的分泌物。

（4）保持鼻腔干净，定期修剪鼻毛。

（5）保持口腔干净、口气清新，做到勤刷牙，及时清除口腔异物。

（二）扬长避短原则

当通过化妆打造职业妆容时，既要突出脸部最美的部位，也要掩盖或修饰脸部的不足，如通过涂粉底液遮盖脸部的痘印、斑点等，使整张脸更加美丽动人。

（三）协调统一原则

该原则主要体现在以下三个方面：

（1）所用化妆品的色调要一致，从而使妆容的色彩整体保持协调。

（2）化妆时要考虑服饰的特点，使妆容与服饰的整体色彩和风格保持协调。

（3）妆容要与场所环境保持协调。

同步案例

百变丽人

小俞毕业后在一家企业做秘书。上班时，她化着端庄的白领丽人妆：白皙、红润、有光泽的脸部皮肤，自然、稍带棱角的眉毛，与服饰的色彩搭配协调的浅灰色眼影，紧贴上睫毛根部描画的灰棕色眼线，黑色且自然卷翘的睫毛，自然的唇形和红润的嘴唇。她虽化了妆，却好似没有化妆，整个妆容清爽、自然，尽显自信、成熟、干练的气质。

到了假期，她又会来一个“大变脸”，化起清纯少女妆：粉色的眼影，棕色的眼线，微微卷翘的睫毛，粉色的腮红。整个妆容淡雅、清新，少女感十足。

小俞能够根据不同场合设计不同的妆容，并且总是以最得体的形象出现在众人面前。形象好，心情就好，工作效率自然就高。入职以来，小俞以得体的外在形象、勤奋的工作态度和骄人的业绩，赢得了同事们的一致好评。

（四）自然真实原则

保持妆容自然、真实。无论是化淡妆还是浓妆，切忌在脸部涂抹厚厚一层化妆品，以免使妆容显得生硬、虚假。

（五）个性化原则

不同的人，其个性和五官的特点各不相同，因此所适合的妆容也不尽相同。职场人士要根据自己的具体情况设计适合自己的妆容，从而突出个人特色。

修身养性

拒绝"容貌焦虑"

2021 年，有媒体就"容貌焦虑"话题向全国大学生展开问卷调查。调查结果显示，59.03%的大学生存在一定程度的"容貌焦虑"。

有的人即便原本的容貌尚可，在焦虑情绪的影响下，也会通过化妆甚至整容来拥有理想的颜值，如此才能从容、自信地面对他人。这类人对自己的容貌过度在意，认为自己的容貌存在缺陷，从而感到自卑甚至痛苦。实际上，这是一种病态心理。这种心理主要受三方面因素的影响：扭曲的审美观念的引导、"颜值经济"裹挟、医美行业的宣传炒作。

心病还需心药医。破解"容貌焦虑"，就要培养积极乐观、开朗自信的心态。大学生要对美的概念有深刻的理解，认识到美并没有统一的评价标准。千姿百态是人类社会本来的模样，关注容貌、追求高颜值并没有错，但是没有必要因容貌不佳而焦虑。"腹有诗书气自华"，与其花费大量时间和精力追求高颜值，不如修身养性，提高个人的内在修养和工作能力，用独特的人格魅力感染他人。

资料来源：http://js.people.com.cn/n2/2021/0226/c360299-34595730.html，有改动

二、职业女性的妆容设计

在职场中，女性应适当化妆、正确化妆。这不仅是工作需要，也是尊重他人的表现。一般而言，女性在化妆前，应做好相应的准备；在化完妆后，还应对妆容进行检查。

（一）妆前准备

该阶段的主要工作包括束发、洁肤、护肤。

1．束发

用橡皮筋、束发带等将头发束起（见图 1-1），避免散发妨碍化妆。化妆前，最好在肩上披条毛巾或围巾，防止化妆品弄脏衣服或皮肤。

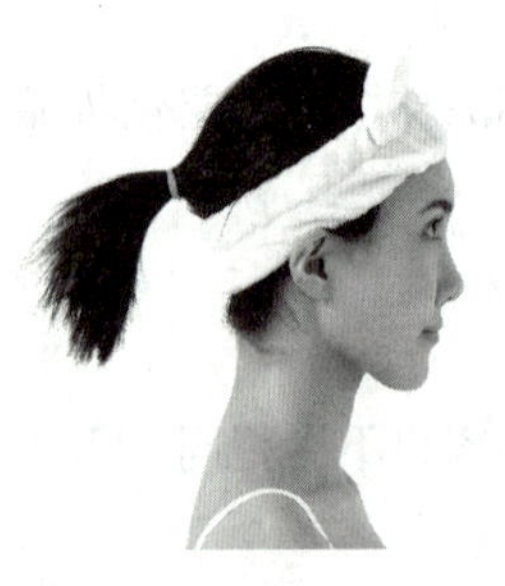

图 1-1　用束发带将头发束起

2．洁肤

用洗面奶、洁面皂等洁肤产品清洁脸部的污垢和油脂后，还可用洁肤水进行二次清洁，以清除脸部的残余污垢。

3．护肤

在脸部均匀涂抹化妆水、精华液、乳液、面霜等护肤品，以修复和保护皮肤。

（二）正式化妆

该阶段的主要工作包括上隔离霜、涂粉底液、扑蜜粉、描眉毛、化眼妆、涂口红、上腮红。

1．上隔离霜

隔离霜具备防晒功能，能够减少紫外线给皮肤带来的伤害，同时还能够有效防止化妆品和空气中的有害物质对皮肤造成伤害。

小贴士

防晒霜是与隔离霜类似的产品，但防晒霜只具备防晒功能，无法防止化妆品和空气中的有害物质对皮肤造成伤害。这两种产品的用途相近，同时使用会加重皮肤的负担，因此可根据具体情况选择使用其中的一种。

2．涂粉底液

粉底液（见图 1-2）具有调整肤色、遮盖皮肤瑕疵的作用。在涂粉底液时，应注意以下事项：

图 1-2　粉底液

涂粉底液时的注意事项

（1）根据肤质（包括干性皮肤、中性皮肤、油性皮肤等）选择合适的粉底液。一般而言，干性皮肤适合使用滋润型粉底液，油性皮肤适合使用清爽控油型粉底液。

（2）根据肤色选择合适的粉底液，粉底液的颜色与肤色的反差不应过大。例如，皮肤较黑的人适合使用橘黄色粉底液，不适合使用象牙色粉底液。

（3）适量、均匀、细致地涂抹粉底液。

（4）在颈部涂抹粉底液，避免脸部与颈部的肤色反差过大。

3．扑蜜粉

蜜粉（见图 1-3）属于定妆粉中的一种，具有强大的吸附功能，能够让妆容保持更长时间。涂好粉底液后，用大而柔软的粉刷或粉扑在脸部扑蜜粉。

图 1-3 蜜粉

小贴士

粉饼（见图 1-4）是与蜜粉类似的产品，但粉饼的质地比蜜粉更厚重，吸附功能更强，持妆效果也更好。同时，粉饼还具有遮瑕功能，能使肤色更加均匀。这两种产品的用途相近，因此可根据具体情况选择使用其中的一种。

图 1-4 粉饼

4. 描眉毛

不同的眉形会给人带来不同的感觉。常见的眉形有以下几种：

（1）标准眉。标准眉的眉尾比眉头高一些，眉峰很不明显，而且眉毛的长度普遍偏短，如图 1-5 所示。这种眉形能给人一种清新自然的感觉，适合圆形脸、方形脸、倒三角形脸的女性。

（2）高挑眉。高挑眉又称欧式眉，整个眉毛自下而上倾斜的角度较大，眉峰较高，如图 1-6 所示。这种眉形能给人一种妩媚性感的感觉，对脸形比较挑剔，适合五官立体感较强的女性。

（3）柳叶眉。柳叶眉和高挑眉相似，但眉峰没有高挑眉那么高，而且自眉毛中段开始逐渐变细，眉尾较长，如图 1-7 所示。这种眉形能给人一种妩媚温婉的感觉，适合脸较小的女性。

（4）粗平眉。粗平眉较短粗，整体呈水平或向上倾斜极小的角度，基本没有眉峰，如图 1-8 所示。这种眉形能给人一种温柔可爱的感觉，适合脸较长的女性。

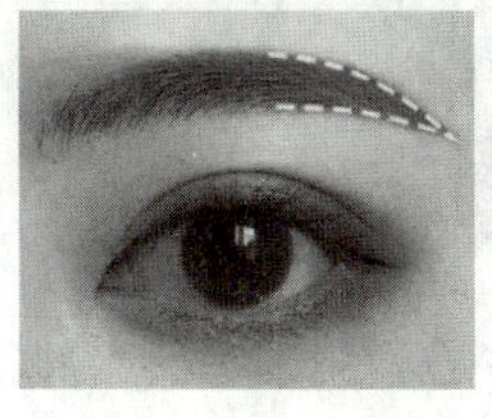

图 1-5　标准眉

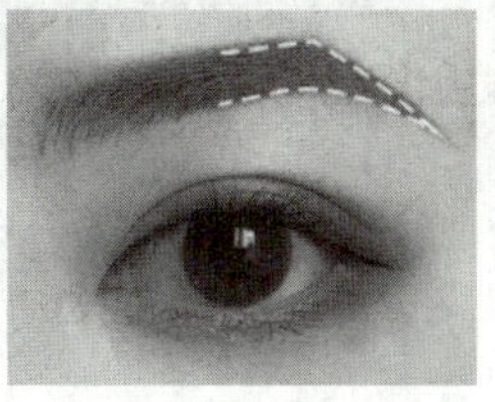

图 1-6　高挑眉

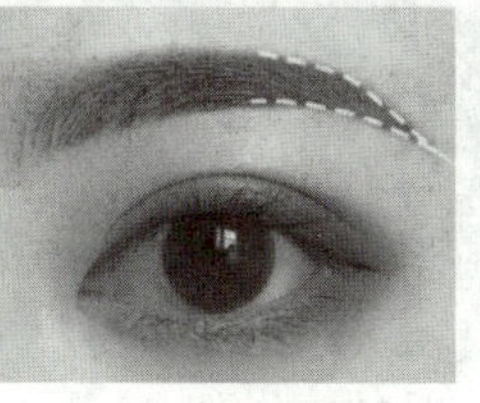

图 1-7　柳叶眉

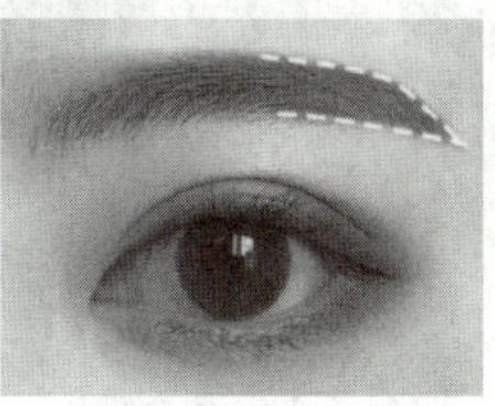

图 1-8　粗平眉

在描眉毛时，应注意以下事项：

（1）根据自身眉毛的特点、职业需求和自己的喜好设计不同的眉形。

（2）用眉钳、眉剪、眉梳等修整眉毛，拔除杂乱无序的眉毛，使眉毛整齐、有形。

（3）眉毛的整体颜色要与头发的颜色保持一致，眉头颜色要淡，眉尾颜色可比眉头颜色稍深，眉峰颜色最深。

（4）眉头和鼻翼、眉峰和瞳孔、眉尾和外眼角与鼻翼都要保持在一条直线上。

探索与交流

2 人一组，互相观察对方的眉毛，然后根据所学知识和自身的经验讨论双方分别适合哪种眉形。讨论结束后，教师挑选几组学生在课堂上分享讨论结果。

5．化眼妆

眼睛是心灵的“窗户”，能够体现一个人的精神面貌，因此眼妆十分重要。化眼妆的步骤具体如下：

（1）施眼影（见图 1-9）。眼影能够增强五官的立体感，使眼睛显得更加明亮传神。职场人士应选用浅咖啡色、肉粉色等颜色较自然的眼影，不应选用颜色过于鲜艳的眼影。

（2）描眼线（见图 1-10）。眼线能够使眼睛看起来大而有神。需要注意的是，单眼皮的人，眼睛通常细小，不应同时画上下眼线，以免使眼睛看起来更小。

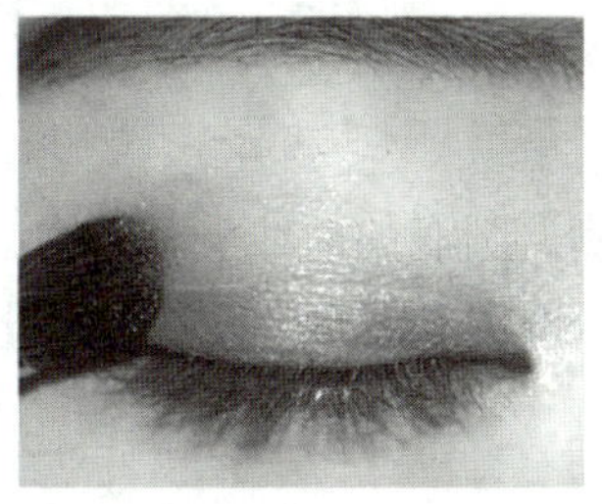

图 1-9　施眼影

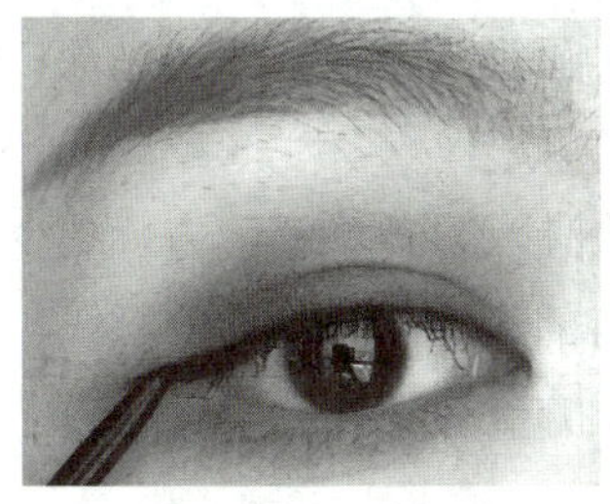

图 1-10　描眼线

（3）夹睫毛。通过夹睫毛，睫毛能够变得更加卷翘，从而使眼睛更有深邃感。图 1-11

展示了夹睫毛前后的效果。

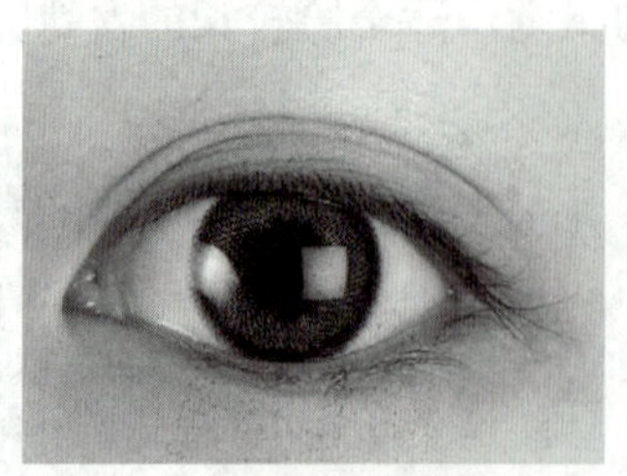

a）夹睫毛前的效果

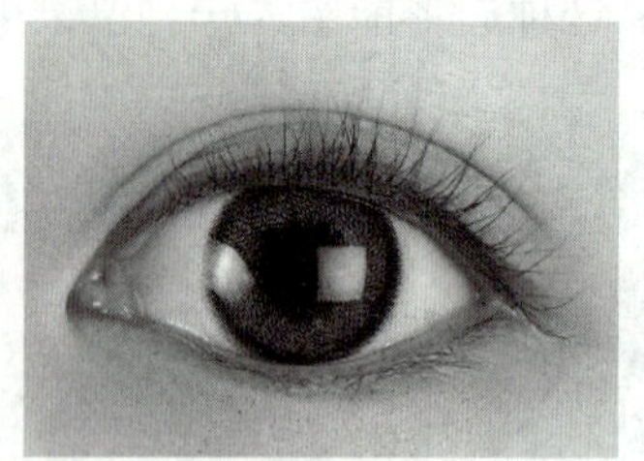

b）夹睫毛后的效果

图 1-11　夹睫毛前后的效果

（4）涂睫毛膏。通过涂睫毛膏，睫毛能够显得更加浓密而富有光泽。应主要选用黑色的睫毛膏，不应选用颜色过于夸张的睫毛膏。同时，还应注意将睫毛涂得根根分明，避免将睫毛涂成“苍蝇腿”。

6. 涂口红

口红可分为唇膏（见图 1-12）、唇釉（见图 1-13）、唇彩、唇蜜。涂口红可以使嘴唇看起来更加饱满，有光泽，从而起到改善气色的作用。应根据不同唇形的特点，通过涂口红对嘴唇进行适当修饰。

图 1-12　唇膏

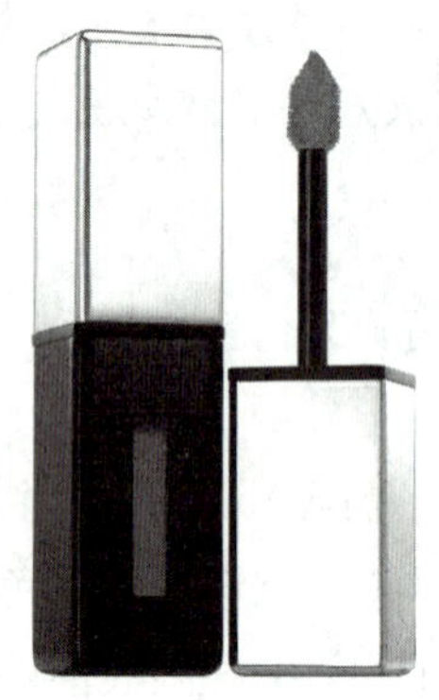

图 1-13　唇釉

下面以三种唇形为例，说明通过涂口红修饰嘴唇的方法。

1）嘴唇过薄

嘴唇过薄会使人显得不够大方，缺少女性丰满、圆润的曲线美。修饰这种嘴唇时，可用唇线笔在原有的唇线外勾画新的唇线，将嘴唇轮廓向外扩展，使嘴唇适当变厚，然后在新的唇线内涂上口红。

2）嘴唇过厚

嘴唇过厚会使人显得不够秀气。修饰这种嘴唇时，可将粉底液、遮瑕霜等涂于嘴唇轮廓边缘，以遮盖原有的唇线，然后用唇线笔勾画新的唇线，将嘴唇轮廓向内收缩，使嘴唇

适当变薄，接着在新的唇线内涂上口红。

3）嘴角下垂

嘴角下垂会使人显得愁苦。修饰这种嘴唇时，可将粉底液、遮瑕霜等涂于嘴唇轮廓边缘，尤其是唇角部位，以遮盖原有的唇线，然后用唇线笔勾画新的唇线，使嘴唇具有上翘的趋势，接着在新的唇线内涂上口红。

需要注意的是：

（1）在选择口红的颜色时，应把握分寸，最好选用粉色系、橘色系的口红。

（2）不应将唇线画得太明显，应将口红轻轻地涂于嘴唇上，唇上的口红宜薄不宜厚。

（3）涂完口红后，应检查牙齿上是否沾上了口红。

探索与交流

各种类型的口红分别具有哪些特点？

7. 上腮红

上腮红（见图 1-14）后，面颊更加红润，整个人看起来更加健康、有活力。应注意选用与眼影、口红属于同一色系的腮红，腮红的颜色不宜浓于口红的颜色。

图 1-14　上腮红

（三）妆后检查

化完妆后，应做好以下检查工作：

（1）检查修饰后的眉毛、眼睛和上下嘴唇的形状、大小、颜色浓淡是否一致。

（2）检查脸部与颈部、鼻梁与鼻翼等部位过渡是否自然。

（3）检查整个妆容是否协调，如腮红的颜色与肤色是否相称。

源远流长

我国古代女性的妆容

爱美是人的天性，女性化妆更是由来已久。从先秦到清代，我国古代女性的妆容发生了较大的变化。

先秦时期，女性喜欢用白粉敷面，用青墨颜料画眉，不盛行在脸上抹红。这里的白粉其实是用粟米做成的粉末。

汉代，女性的妆容整体上较简洁。该时期盛行上小下大、形似三角形的桃心唇妆。这种唇妆一直流行到了唐代。在眉妆上，该时期出现了长眉、远山眉、八字眉、惊翠眉、愁眉、广眉等诸多类型。

魏晋南北朝时期，最有特色的妆容是额黄妆。当时，有些女性从佛像上受到了启发，将自己的额头涂抹成了黄色，这就是额黄妆的由来。如果将黄色的纸片或者其他薄片剪成花的样子，然后将其粘贴在额头上，就成为“花黄”。花木兰从军归来后“对镜贴花黄”，说的就是这种妆容。

“落梅妆”也是魏晋南北朝时期盛行的妆容。相传“落梅妆”由南朝宋武帝女儿寿阳公主所创。某年正月初七，寿阳公主卧于含章殿，一朵梅花自殿前的梅树上不偏不倚地落在她的额头上，在额上留下了梅花的形状，怎么都擦不去。宫女听闻后非常吃惊，纷纷跑来观看，觉得十分漂亮，于是都开始效仿，还起了一个好听的名字——“落梅妆”。

唐代民风开放，女性的妆容经常变化，且融入了外来文化的特色。该时期女性化白面妆，将脸部涂得很白。宋代受程朱理学的影响，人们偏爱清秀、质朴的妆容，所以宋代女性崇尚自然美，其妆容极为素洁。

到了明代，女性开始追崇明亮的妆容。总体而言，明代女性的妆容是最符合现代审美观的。清代女性以含蓄、内敛为美，追求素雅、简约的妆容，眉毛纤细，唇妆给人一种小而薄的感觉，眼妆清淡柔和，胭脂多用粉色系。

我国古代女性妆容的变化反映了我国古代先民审美情趣的变迁，也让人们从侧面看到了古典东方之美的传承与演化。

资料来源：
http://culture.people.com.cn/n1/2019/0718/c1013-31241080.html，有改动

三、职业男性的妆容设计

职业男性虽不必像职业女性那样精心化妆，但仍应保持整洁、清爽的妆容。具体而言，在设计职业男性的妆容时，应注意以下事项：

（1）重视洁面。男性皮肤容易分泌油脂，使得空气中的灰尘和老化的皮肤细胞更易附着在脸部，因此男性应重视洁面问题，每天都要用适合自己的洁面产品洗脸，以减少脸部皮肤问题。

（2）定期刮胡子（见图 1-15）。为了让脸部看起来更清爽、干净，男性应定期刮胡子，以免胡子过长。

图 1-15 刮胡子

（3）勤于修剪鼻毛。男性的鼻毛生长得较快，应定期对其进行修剪，以免鼻毛外露。

小王的转变

小王是办公室里“不修边幅派”中的一员。工作较忙时，他连着好几天都不洗脸，经常是满面油光，有时鼻翼和下巴处还会长出几颗格外刺眼的痘痘。看见他邋遢的样子，父母总忍不住说他几句，并叮嘱他注意清洁和护理脸部，他却说：“君子重才不重貌。”

由于十分努力，小王在工作上得心应手，也获得了总经理的认可。但是好几次，小王负责的客户陪同其高层领导来本企业开会，他都没有被通知去参会。他觉得自己谙熟业务，沟通能力很好，总经理也很认可他的工作能力，没有理由不通知他参会。一天，总经理在谈到小王的工作表现时，先夸奖了他一番，但在谈话快结束时意味深长地说：“咱们企业是一家知名企业，员工个人的形象在某种程度上代表了本企业的形象……”

与总经理谈话的第二天，小王用洗面奶仔细地洗了脸，把胡子刮得干干净净，又认真地抹上了面霜。几天下来，他看上去清爽了很多，往日那种油光满面的形象荡然无存。一段时间后，凡是他的客户过来开会，他都被通知参会。他也因此受到总经理的器重，很快便升任部门经理。

资料来源：张华，周兴中．职业形象与职场礼仪［M］．北京：化学工业出版社，2017.

四、职业妆容设计的注意事项

在进行职业妆容设计时，应注意以下事项：

（1）勿当众化妆。化妆是私事，应在比较私密的空间内进行，在众目睽睽下化妆既会妨碍他人，也不尊重自己，是非常失礼的行为。

设计职业妆容时的注意事项

（2）勿残妆示人。化妆后应勤做检查，特别是在用餐、饮水、出汗、更衣后。若发现妆容残缺，应及时补妆。

（3）勿借用他人的化妆品。借用他人的化妆品是不卫生，也是不礼貌的。

（4）男性勿使用过多的化妆品。男性可以化妆，但不要过度化妆，否则会让人觉得缺乏“阳刚之气”，给人留下不好的印象。

班级______________ 姓名______________ 学号______________

任务实施——职业妆容设计比赛

1. 任务描述

在餐厅服务员、酒店大堂经理、空乘人员、教师、银行职员等职业中任选其一，然后根据所选职业的特点和要求，为自己设计一款职业妆容。

2. 任务目的

（1）了解职业妆容设计的基本原则。

（2）掌握职业妆容设计的步骤。

（3）熟悉职业妆容设计的注意事项。

3. 寻找伙伴

选择相同职业的学生自动成为一组，从中选出组长，由组长进行任务分工，然后将相关信息填入表 1-1 中。

表 1-1 小组成员及分工情况

班级		职业		指导教师	
小组成员	姓名	学号	任务分工		
组长					
组员					

4. 知识储备

在设计职业妆容前，需要回答以下问题。

问题 1：职业妆容设计的基本原则有哪些？

问题 2：职业女性妆容设计的步骤是怎样的？

问题 3：职业女性或男性在设计妆容时，需要注意哪些事项？

班级＿＿＿＿＿＿　　姓名＿＿＿＿＿＿　　学号＿＿＿＿＿＿

5. 模拟练习

（1）根据自己的肤色、五官的特点和所选职业的特点，为自己化妆，并将该妆容的特点填入表 1-2 中。

（2）组内成员相互点评。

（3）将他人对自己妆容的评价填入表 1-2 中，并根据该评价对自己的妆容进行适当调整。

表 1-2　模拟练习记录表

项目	具体内容
自己所设计妆容的特点	
他人对自己妆容的评价	

6. 妆容展示与考核评价

进行妆容展示，教师根据每名学生妆容的设计情况和表 1-3 中的内容进行评价。

表 1-3　考核评价表

项目	评价内容	分值	教师评分
专业能力	理解本任务重要知识点	20	
	符合职业妆容设计的基本原则	25	
	妆容的整体效果好	25	
职业素养	拥有正确的审美观	15	
	语言组织能力强，字迹工整，书面整洁	15	
合　计		100	
综合评语		教师（签名）：	

任务二 职业发型设计

案例导入

五官端正、身材匀称的小周准备参加某酒店的面试。为了能够顺利通过面试，小周特地将头发烫成了“大波浪”，并将其染成了粉红色。她认为这样能使自己显得更有朝气和活力。面试当天，小周披着一头颜色鲜艳的长卷发，在一众面试者中十分扎眼。

请思考：

（1）小周会被录用吗？为什么？

（2）职业发型设计的基本原则有哪些？

（3）在设计职业女性的发型时，应注意哪些事项？

相关知识

俗话说，上看头，下看脚。按照一般习惯，人们注意、打量他人，往往是从头部开始的，而头发位于人体的最高点，更易引起人们的注意。头发美是仪容美的重要组成部分，在某种程度上反映了一个人的内在修养和审美情趣。职场人士应在正确洗护头发的基础上，设计适合自己的发型，从而塑造出得体、优雅、干练的职场形象。

一、洗护头发

要想拥有健康、美丽、干净的头发（见图 1-16）和极具气质的发型，就要做好洗发和护发两个方面的工作。

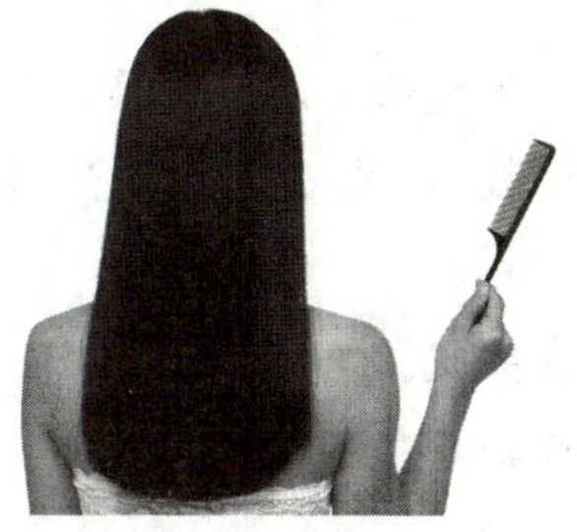

图 1-16 健康、美丽、干净的头发

（一）洗发

洗发能够清除头皮屑、油脂等污垢，防止头皮发痒。洗发时，应注意以下事项：

（1）定期清洗头发，并根据具体情况（如发质等）确定洗发的时间间隔。不宜每天都洗发，否则可能会造成头发干枯、掉发等问题。

（2）选择适合自己发质的洗发水。例如，干性发质的人应选择滋润型洗发水。

（3）水温保持在40℃左右最合适。

（4）掌握正确的洗发顺序。先在干发上涂抹护发素，用清水洗净后，再用洗发水清洗头发，洗完后再涂抹一遍护发素，最后用清水洗净。

（5）清洗过程中，应用指腹轻轻按摩头皮，不应用指甲使劲抓头皮。

（6）清洗头发应彻底，以免洗发水、护发素等残留在头发上。

知识窗

不同发质的特点与护理方法

了解发质是护理头发的第一步，有助于我们选择合适的洗发水。按照油脂分泌量划分，发质可分为干性发质、中性发质和油性发质三种类型。各种发质的特点与护理方法具体如下。

1. 干性发质

干性发质的特点主要有：① 头发油脂少，干枯、无光泽；② 头发蓬松，易打结；③ 头发缺乏弹性；④ 头皮干燥，易出现头皮屑。干性发质的人，可采用以下护理方法：

（1）选用滋润型的洗护产品。

（2）选用性质温和的烫发、染发产品，或减少烫染次数。

（3）定期使用修护产品修复受损的头发。

2. 中性发质

中性发质的特点主要有：① 头发既不油腻，也不干燥；② 头发柔软，顺滑，有光泽；③ 只会出现少量头皮屑。中性发质是较理想的发质，可选用性质温和且含水量高的产品来清洗和保护头发。

3. 油性发质

油性发质的特点主要有：① 头发油腻，洗发第二天，发根就会出现油垢；② 毛囊如厚鳞片般积聚在发根周围；③ 头皮易发痒。油性发质的人，可采用以下护理方法：

（1）轻轻梳发，并经常按摩头皮。

（2）选用专业的平衡油脂分泌的洗护产品。

（3）注意用温水洗发。

（二）护发

护发可使头发更健康、柔韧、有光泽。可通过以下方法护发：

（1）及时吹头发（见图 1-17）。洗发后，及时用吹风机吹干头发。使用吹风机时，应使吹风机与头发的距离保持在 20～25 厘米，以防热风损伤头发。

（2）定期焗油（见图 1-18）。焗油是指在头发上抹上护发膏，然后用特制机具放出蒸汽加温，使护发膏中的营养物质渗入头发。焗油有助于修复受损的头发，增强头发的弹性，使头发更加柔顺且易于梳理。

图 1-17　吹头发

图 1-18　焗油

（3）经常梳发。早晚用梳子梳发 3 分钟左右，有助于刺激头皮末梢神经，促进头发的新陈代谢，从而改善发质。

（4）健康饮食。多吃含蛋白质、钙、铁、锌、镁的食物，有助于促进头发的新陈代谢，从而改善发质。

探索与交流

2 人一组，互相观察对方的头发，然后判断对方的发质和头发的健康程度，并交流护发经验。交流结束后，教师挑选几组学生在课堂上分享护发经验。

二、设计发型

发型是造型艺术的体现，具有美化个人形象、提升个人气质的作用。得体的发型不仅能使人容光焕发，还能使男性看上去风度翩翩，使女性看上去端庄优雅。

（一）职业发型设计的基本原则

发型应与人们的生活习俗相宜，并体现人们的审美观念、职业特点与内在修养。一般而言，职业发型设计应遵循以下原则。

1．发型与职业保持协调原则

不同职业对发型有不同的要求。例如，女大堂经理通常要盘发（见图 1-19），女护士通常要盘发且戴帽子（见图 1-20），文艺工作者通常可选择新颖且富有艺术感的发型。职场人士应根据自己的职业，选择合适的发型。

图 1-19　盘发的女大堂经理

图 1-20　盘发且戴帽子的女护士

2．发型与脸形保持协调原则

发型对人的脸形有极强的修饰作用，能够弥补脸形的不足。职场人士应根据自己的脸形选择合适的发型。表 1-4 是脸形与发型的匹配情况。

表 1-4　脸形与发型的匹配情况

脸形	特点	适合的发型
圆形脸	脸偏短，下巴浑圆	适合侧分式发型，尽量将头发梳得高一些，使脸看起来稍长
方形脸	脸较方，显得刚毅	适合侧分式发型，可用头发修饰两颊。头发的蓬松感能够在视觉上缩短脸的宽度，使脸部更显柔和
菱形脸	额头和下巴偏窄，两颊偏宽，颧骨较高	适合将额前的头发梳得更蓬松，并用头发修饰两颊，以遮盖颧骨
长脸	脸较长，显得严肃	适合加厚两侧的头发，并稍剪些刘海儿，使脸看起来稍短
倒三角形脸	额头较宽，下巴较窄	适合中分式发型，可选择短发或中长发

小贴士

利用发型弥补脸形不足的方法主要有以下两种：

（1）遮盖法。利用头发遮盖脸部比较突出的部分，如利用两颊的头发遮盖高颧骨。

（2）衬托法。将头顶或两侧的部分头发梳得蓬松或紧贴头皮，以改变头部和脸部的线条。例如，将头顶的头发梳得高而挺，能够将脸衬托得更长。

3．发型与体形保持协调原则

发型会对体形的整体美产生极大的影响。职场人士应根据自己的体形选择合适的发型，以扬长避短，打造完美的整体形象。表 1-5 是体形与发型的匹配情况。

表 1-5　体形与发型的匹配情况

体形	特点	适合的发型
瘦小体形	身材较矮，看起来小巧玲珑	适合秀气、精致的发型，如盘发造型。不宜留长发，以免显得更矮；也不宜选择蓬松的发型，以免使头部与身体的比例失调，给人头大身小的感觉
矮胖体形	身体体积较大，横、竖比例接近，显得脖子较短，缺乏灵秀之气	适合拉高发际线的发型，如高马尾、背头（见图 1-21）等发型
瘦长体形	身材细长，头小，脖子细，肩窄，身体较单薄	适合长发，以长卷发为最好。长卷发既可掩饰身体的单薄感，又可增添潇洒、飘逸之感。不宜将头发梳得紧贴头皮，或将头发剪得太短或太薄，也不宜将头发高盘于头顶或将头发理得过于蓬松，以免给人头重脚轻的感觉
高大体形	身材较高，给人一种强大的感觉	适合简单的短发发型。不宜选择太蓬松的发型或长发发型，以免使人看起来更高
头部偏大体形	头部较大，头部和身体比例不协调，缺乏灵秀之气	适合短发发型。不宜选择卷发或长发发型，尤其不要盘发，以免使头部看起来更大
头部偏小体形	头部较小，头部和身体比例不协调，给人一种不够大方的感觉	适合长发或外翻式短发发型。不宜选择超短发发型，以免完全暴露头部轮廓

图 1-21　背头

4．发型与服饰保持协调原则

为体现形象上的整体美，职场人士应根据服饰选择合适的发型。例如，穿制服时，女性可选择盘发造型，以塑造端庄优雅的形象，如图 1-22 所示；穿连衣裙时，女性可选择长卷发发型，以塑造温婉大方的形象。

图 1-22　与服饰协调的盘发造型

（二）职业女性的发型设计

在设计职业女性的发型时，应注意以下事项：

（1）选择与自己的职业相匹配的发型。例如，服务岗位（如餐厅服务员、医生、护士、银行柜员等）上的女性通常应将头发盘起来或束起来，而不应披头散发。

（2）选择与自己的年龄相匹配的发型。例如，30 岁以上的职业女性不应为了显年轻，而留着厚重的齐刘海儿。

（3）选择与自己的身高相匹配的发型。例如，160 厘米以上的女性可留长发，160 厘米以下的女性不宜留过长的头发，否则会使自己显得更矮。

（4）选择合适的发色。若要染发，则应选择较深的颜色（如棕色、褐色等），以使自己显得更加稳重。

（5）避免滥戴发饰。职业女性可以佩戴发卡、发带、发箍等较朴实的发饰，切忌佩戴色彩艳丽或带有卡通图案的发饰。

源远流长

我国六朝时期女性的发型

在我国六朝（一般指我国历史上三国至隋初的六个朝代）时期，人们思想开放，个性彰显，为女性提供了追求美丽、展示美感的空间。当时，女性发型呈现出花样百出、争奇斗艳、各领风骚的态势。

该时期女性的发型有反绾髻、百花髻、芙蓉归云髻、凌云髻、随云髻、缬子髻、飞天髻等。其中，缬子髻的梳编形式为编发为环，以色带束之；飞天髻的梳编形式为将头发掠至头顶，分成数股，每股弯成圆环，直耸于上，如图 1-23 所示。

东晋时期，顾恺之在《洛神赋图》中描绘了灵蛇髻。这种发髻的梳编形式为将头发掠至头顶，编成一股、双股或多股，然后盘成各种环形，如图 1-24 所示。因为这种发髻如同游蛇般蜿蜒、灵动，故名灵蛇髻。

图 1-23 飞天髻

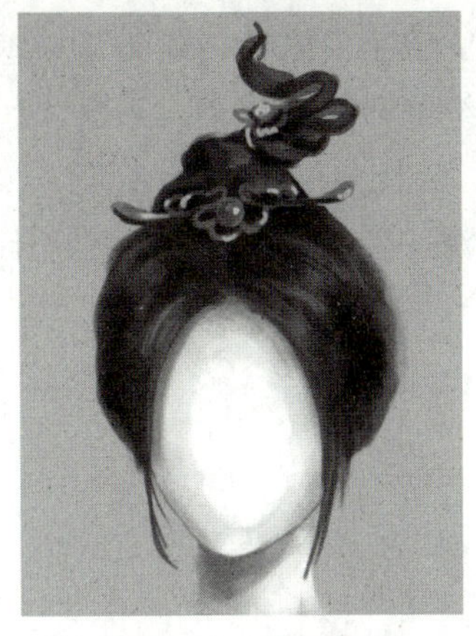

图 1-24 灵蛇髻

自两晋后，南方女性逐渐以高发髻为美。若用自己的头发梳成的发髻仍然达不到社会时尚所推崇的高耸发髻，女性就会借助木笼做成高大的假发髻。这种假发髻会在头顶上形成一个巨大的发结，造型奇特，具有强烈的视觉效果，可以使身材显得更加修长。

资料来源：

http://yn.people.com.cn/n2/2021/0218/c372458-34580672.html，有改动

（三）职业男性的发型设计

在设计职业男性的发型时，应注意以下事项：

（1）做到前不覆额，侧不掩耳，后不及领，即额前的头发不盖住额头，侧边的头发不遮住耳朵，颈后的头发不超过衣领。

（2）不佩戴任何发饰。

（3）头发不应过厚，鬓角头发不应过长。

（4）不留长发，不烫发，不染除黑色外其他颜色的头发，也不剃光头。

同步案例

企业家与理发师

某企业家经营着一家电器企业，一天，他去一家理发店理发。理发师看到他的形象后，毫不客气地对他说道：“你应该重视自己的头发，也要研究自己的发型。你作

为企业的老板，如果不注意形象，产品能打开销路吗？”

听了这句话，该企业家哑口无言，他这才注意到自己的头发又乱又长，完全没有美感可言。于是，他微笑着对理发师说道：“先生，接下来我就把自己的形象交到你手里了。”理发师听到后，认真地为他剪了一个与其自身特点和身份相符的发型。

回去后，该企业家专门制订了一套员工形象规范。就这样，全体员工在他的积极带领下，纷纷开始注重个人形象，为该企业进一步提高社会知名度奠定了良好的基础。

资料来源：张岩松．职业形象设计［M］．2 版．北京：清华大学出版社，2019.

班级____________ 姓名____________ 学号____________

任务实施——职业发型设计比赛

1. 任务描述

在餐厅服务员、酒店大堂经理、空乘人员、教师、银行职员等职业中任选其一，然后根据所选职业的特点和要求，为自己设计一款职业发型。

2. 任务目的

（1）了解洗护头发的要点。

（2）掌握职业发型设计的基本原则。

（3）熟悉职业发型设计的注意事项。

3. 寻找伙伴

选择相同职业的学生自动成为一组，从中选出组长，由组长进行任务分工，然后将相关信息填入表 1-6 中。

表 1-6　小组成员及分工情况

<table>
<tr><td>班级</td><td></td><td>职业</td><td></td><td>指导教师</td><td></td></tr>
<tr><td>小组成员</td><td>姓名</td><td>学号</td><td colspan="3">任务分工</td></tr>
<tr><td>组长</td><td></td><td></td><td colspan="3"></td></tr>
<tr><td rowspan="4">组员</td><td></td><td></td><td colspan="3"></td></tr>
<tr><td></td><td></td><td colspan="3"></td></tr>
<tr><td></td><td></td><td colspan="3"></td></tr>
<tr><td></td><td></td><td colspan="3"></td></tr>
</table>

4. 知识储备

在设计职业发型前，需要回答以下问题。

问题 1：职业发型设计的基本原则有哪些？

问题 2：职业女性或男性在设计发型时，需要注意哪些事项？

班级__________ 姓名__________ 学号__________

5．模拟练习

（1）根据自己的脸形、体形和所选职业的特点，为自己做一款职业发型，并将该发型的特点填入表 1-7 中。

（2）组内成员相互点评。

（3）将他人对自己发型的评价填入表 1-7 中，并根据该评价对自己的发型进行适当调整。

表 1-7 模拟练习记录表

项目	具体内容
自己所做发型的特点	
他人对自己发型的评价	

6．发型展示与考核评价

进行发型展示，教师根据每名学生发型的设计情况和表 1-8 中的内容进行评价。

表 1-8 考核评价表

项目	评价内容	分值	教师评分
专业能力	理解本任务重要知识点	20	
	符合职业发型设计的基本原则	25	
	发型的整体效果好	25	
职业素养	拥有正确的审美观	15	
	语言组织能力强，字迹工整，书面整洁	15	
合　计		100	
综合评语		教师（签名）：	

学习成果自测

1. 填空题

（1）________是职业妆容设计的第一原则。

（2）在描眉毛时，眉毛的整体颜色要与头发的颜色________，眉头颜色要________，眉尾颜色可比眉头颜色________，眉峰颜色________。

（3）化眼妆的步骤具体包括________、________、________、________。

2. 单项选择题

（1）当通过化妆打造职业妆容时，既要突出脸部最美的部位，也要掩盖或修饰脸部的不足，使整张脸更加美丽动人。这体现的是职业妆容设计的（　　）原则。

A. 干净清爽　　B. 扬长避短

C. 协调统一　　D. 自然真实

（2）（　　）给人一种妩媚性感的感觉，对脸形比较挑剔，适合五官立体感较强的女性。

A. 标准眉　　B. 柳叶眉

C. 高挑眉　　D. 粗平眉

（3）洗发时，水温保持在（　　）左右最合适。

A. 30℃　　B. 40℃

C. 50℃　　D. 60℃

（4）（　　）体形的人适合长发，以长卷发为最好。

A. 瘦小　　B. 矮胖

C. 瘦长　　D. 高大

3. 案例分析题

某间办公室内坐着几位女士。其中，一位女士的妆容十分漂亮，但脸部和颈部完全是两种颜色，看起来像戴了一幅面具；一位女士画着粗粗的黑色眼线，将整个眼睛轮廓都包裹了起来；还有一位女士，妆容十分精致，穿着深蓝色的连衣裙，涂着橘色系的口红。

请问这几位女士在化妆时忽视了哪些问题？应如何改进？

学习成果评价

请进行学习成果评价，并将评价结果填入表 1-9。

表 1-9 学习成果评价表

班级		姓名		学号	
评价项目	评价内容	分值	评分		
			自我评分	教师评分	
知识 40%	职业妆容设计的基本原则	5			
	职业女性的妆容设计	5			
	职业男性的妆容设计	5			
	职业妆容设计的注意事项	5			
	洗护头发的要点	5			
	职业发型设计的基本原则	5			
	职业女性的发型设计	5			
	职业男性的发型设计	5			
技能 40%	能合理设计职业妆容	20			
	能合理设计职业发型	20			
素养 20%	积极参加教学活动，遵守课堂纪律	5			
	具备良好的学习态度	5			
	认真完成任务实施	5			
	主动与他人合作与沟通	5			
合 计		100			
总分（自我评分×40%+教师评分×60%）					
自我评价					
教师评价					

项目二

服饰搭配

项目引言

服饰是一种文化，可以反映一个民族的文化素养、精神面貌和物质文明的发展水平；服饰又是一种语言，不仅可以反映一个人的社会地位、文化修养和审美情趣，还可以体现一个人对自己、对他人乃至对生活的态度。整洁、美观的服饰是职场人士改变自己或展示自己良好形象的“武器”之一，也是促进人际交往的重要“名片”。

本项目将围绕服饰色彩和职业服饰，介绍与服饰搭配有关的知识。

知识目标

- 学会搭配服饰色彩。
- 学会搭配职业服饰。

素质目标

- 了解我国宋代服饰的色彩特征，感受宋人雅致的审美情趣，努力提高审美品位与格调。
- 了解我国传统服饰文化的美学思想，感受我国灿烂的服饰文化，增强民族自豪感。

任务一　服饰色彩搭配

案例导入

办公室职员小徐刚从学校毕业，她性格活泼开朗，崇尚个性，而且喜欢时尚、前卫的服饰，认为服饰的色彩越多就越漂亮。不论出席什么场合，她总是集五颜六色于一身，结果她获得了“圣诞树”的称号。面对这样的调侃，她感到十分委屈，但又不知该如何搭配服饰色彩。

请思考：

（1）小徐在服饰色彩搭配方面存在什么问题？

（2）小徐应如何搭配服饰色彩？

相关知识

服饰色彩搭配是职业形象设计的重要内容之一。了解色彩的基础知识，掌握服饰色彩搭配的基本方式，学会合理地搭配服饰色彩，对于提升个人的职业形象具有重要作用。

一、认识色彩

色彩是物质客观存在的物理性质，是人对光的视觉效应。不同的色彩往往给人不同的感受，职场人士应了解色彩的基本特性和不同色彩所传递的情感，在服饰搭配中通过色彩准确地传递信息和情感。

（一）色彩三要素

在色彩学中，色相、明度和纯度是色彩的三个基本特性，又称色彩三要素。

色彩三要素

1. 色相

色相是指色彩所呈现出来的质的面貌，是区别不同色彩的标准，可以将色相理解为色彩的名称。例如，红、橙、黄等既是色彩的名称，也是色相。

2. 明度

明度又称亮度，是指色彩的明暗、深浅、浓淡程度。色相不同的色彩之间存在明度差异，如黄色比橙色亮、橙色比红色亮、红色比紫色亮。色相相同、深浅不同的色彩之间也存在明度差异，如淡蓝色比深蓝色亮。

3. 纯度

纯度又称饱和度，是指色彩的纯净程度和鲜艳程度。纯度取决于某一色彩中主色和杂色的比例。主色的比例越大，则纯度越高，色彩越鲜艳；反之，纯度越低，色彩越暗淡。

探索与交流

结合所学知识，按照色彩的明度由高到低对图 2-1 中的色块进行排序。排序完成后，教师挑选几名学生在课堂上分享排序结果。

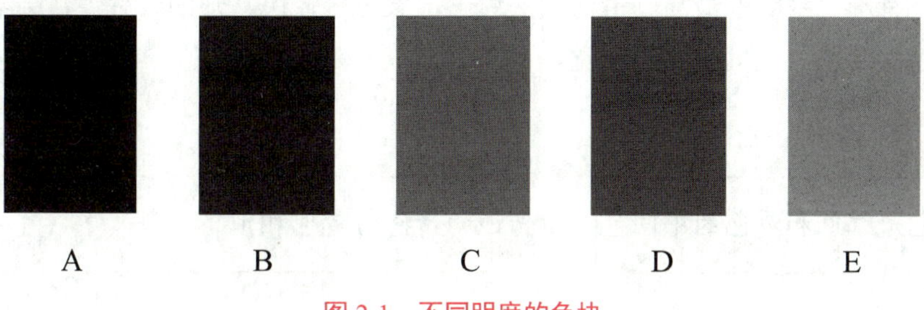

图 2-1　不同明度的色块

（二）色彩的基本类型

色彩可分为以下三种基本类型：

（1）有彩色。有彩色包括红、橙、黄、绿、青、蓝、紫等七种基本色彩，以及这些基本色彩在不同明度和纯度下呈现出来的其他色彩、不同基本色彩之间的混合、基本色彩与无彩色之间的混合。有彩色具有色相、明度和纯度三个特性。

（2）无彩色。无彩色包括黑色、白色和由黑白两色混合而成的各种深浅不同的灰色。无彩色只有明度，没有色相和纯度。

（3）特别色。在色彩的实际运用过程中，还有一类色彩不属于上述两类色彩中的任何一种，如金色、银色、荧光色等。这类色彩的出现，满足了现代设计和印刷的需要，丰富了设计师的表现手法，增强了设计物的视觉效果。

（三）色彩的冷暖

色彩的冷暖实际上来自人的视觉经验和条件反射。在诸多色彩中，红色、橙色、黄色、金色会给人带来热烈、兴奋、热情、温暖的感觉，属于暖色系；白色、绿色、青色、蓝色、紫色、银色会给人带来平静、开阔、通透、凉爽的感觉，属于冷色系；黑色、灰色给人的感觉不冷不暖，属于中性色系。

（四）色彩所传递的情感

色彩本没有具体的意象，但人们能感觉到色彩所传递的情感。这是因为人们在这个五彩缤纷的世界中积累了许多关于色彩的视觉经验，当这些经验与外界色彩产生一定联系时，人们就会产生某种情绪。职场人士应对色彩有正确的认识，善于根据不同场合和色彩所传递的情感，搭配服饰。

1. 热情温暖的红色

红色象征着喜悦、热情、自信、活泼、积极，同时也会给人带来危险、愤怒、血腥的感觉。以红色为主的服饰视觉冲击力强，能够瞬间吸引人们的目光和注意力。在国内，红色更是一种代表喜庆的色彩，在庆典活动现场非常常见。

2. 灿烂活泼的黄色

黄色是有彩色中明度最高、最活泼的色彩，象征着轻快、开朗、辉煌，会给人带来光芒四射、轻盈明快、生机勃勃的感觉。

小贴士

橙色是红色和黄色的中间色，所传递的情感与黄色相似。

3. 自然清凉的绿色

绿色是大自然中最常见的色彩，通常会给人带来清新、舒适的感觉。需要注意的是，随着明度和纯度的变化，绿色所传递的情感也存在较大变化。例如，绿叶植物处于嫩芽阶段时，其叶子呈嫩绿色，绿色的明度高，象征着新生、希望；处于成熟阶段时，其叶子呈草绿色，绿色的纯度高，象征着健康、稳定、安全；处于凋零阶段时，其叶子呈灰绿色，绿色的纯度和明度较低，象征着破败、萧条。

4. 安宁静谧的蓝色

蓝色象征着静谧、深邃、理智、专业、深沉、现代。机械操作工、汽修工（见图 2-2）等的职业装以蓝色为主。

图 2-2　汽修工

小贴士

青色是蓝色和绿色的中间色，所传递的情感与蓝色相似。

5．高贵浪漫的紫色

紫色是温暖的红色和静谧的蓝色混合而成的色彩，所传递的情感较复杂。不同明度的紫色会给人带来截然不同的感觉。例如，深紫色会给人带来神秘、恐惧、忧郁的感觉，浅紫色会给人带来清新、梦幻的感觉，而明度适中的紫色则会给人带来高贵、浪漫、优雅的感觉。

6．沉默庄严的黑色

黑色是明度最低的色彩，象征着深沉、庄重、严肃、神秘、权威、压抑、恐怖，能够与任何色彩搭配。职场人士以黑色作为服饰的主色时，能够有效地吸引他人的目光，使他人的注意力集中在自己身上。安保人员（见图 2-3）的职业装以黑色居多。

图 2-3 安保人员

7．纯洁无瑕的白色

白色易使人联想到白雪、白云、白色羽毛等事物，是明度最高的色彩，象征着简约、正直、纯洁、神圣、干净、高雅。白色能够与任何色彩搭配，但是白色的面积不宜过大，否则会给人带来冷漠、疏离的感觉。

8．辉煌华丽的金属色

金属色又称光泽色，主要指金色和银色。金属色是最华丽的色彩，在光影的作用下，从不同角度能够呈现出不同的视觉效果。一般而言，偏暖的金色富丽堂皇，象征着富贵、光荣、权威；偏冷的银色雅致高贵，象征着时尚、纯洁、尊贵、永恒。

二、服饰色彩搭配的基本方式

在给人的第一印象中，服饰色彩起着不可忽视的作用。服饰色彩搭配得当，可使人显得端庄优雅、风姿绰约；反之，则使人显得不伦不类、俗不可耐。职场人士应掌握服饰色彩搭配的基本方式，能够利用色彩来展现自己的风采。

一般而言，服饰色彩搭配的基本方式包括以下几种。

（一）同类色搭配

同类色搭配是指将同一色相、不同明度的色彩搭配在一起，如嫩绿色与灰绿色搭配、深黄色与浅黄色搭配等。这样的搭配，可以产生和谐、自然的美感。

（二）对比色搭配

对比色搭配是指将不同色相的色彩搭配在一起，如绿色与黄色搭配。对比色搭配可进一步分为以下三种类型：

图 2-4　黑色与白色搭配

（1）弱对比搭配。弱对比搭配又称邻近色搭配，是指将两种相近的色彩搭配在一起，如红色与橙色搭配、黄色与橙色搭配等。弱对比搭配比同类色搭配更有层次感，色彩之间的界限更分明，可以产生柔和、自然的美感。

（2）中对比搭配。中对比搭配是指将两种差别较大的色彩搭配在一起。这样的搭配，色彩差异较大，对比较鲜明，视觉冲击较强烈，可以产生清新、活泼的美感。

（3）强对比搭配。强对比搭配又称互补色搭配，是指将两种差别特别大的色彩搭配在一起，如红色与绿色搭配、黑色与白色搭配（见图 2-4）等。这样的搭配，色彩差异特别大，对比特别鲜明，视觉冲击特别强烈，但若处理不好，就会给人带来生硬、俗气的感觉。

小贴士

如果两种色彩以适当的比例混合后产生白色或灰色，则称其中一种色彩为另一种色彩的互补色。常见的互补色有红色与绿色、黄色与紫色、橙色与蓝色、黑色与白色。

（三）主次色搭配

主次色搭配是指以一种色彩为基础色，再配上一种或几种次要色，使整体色彩主次分明、相得益彰。这样的搭配可以起到画龙点睛的作用，但次要色不宜过多，以免显得零乱。

（四）黑白灰调节搭配

黑白灰调节搭配是指将一种或多种色彩与黑色、白色、灰色中的任一色彩搭配在一起。一般而言，其他色彩与黑色搭配在一起，显得高贵、大气；其他色彩与白色搭配在一起，显得华贵、典雅；其他色彩与灰色搭配在一起，显得时尚、端庄。

同步案例

不同的晚礼服

程女士与苏女士都长得十分美丽。一次，程女士邀请了许多人来自己家参加宴会，苏女士也在其中。

宴会当天，苏女士身穿一袭墨绿色的晚礼服，同时披着一件深红色的披肩，程女士则身穿一袭乳白色的露肩晚礼服。由于宴会大厅的所有落地窗帘都是墨绿色的，从远处看，苏女士整个人就像消失在一片绿色的海洋中；而走进看时，红配绿的穿着让本来美艳的苏女士显得有些俗气。

就在苏女士懊恼自己穿错了晚礼服时，身穿乳白色晚礼服的程女士正式出场了。在墨绿色窗帘的映衬下，身穿乳白色晚礼服的程女士显得更加优雅、大方。她像一颗闪着耀眼光芒的星星，成为宴会的核心人物。

三、服饰色彩与个人色彩属性的搭配

每个人的肤色、发色、瞳色和唇色都是不同的，而且是与生俱来的，称为个人色彩属性。只有当服饰色彩与个人色彩属性保持一致时，才能塑造出个人得体的形象，进而充分展现个人的魅力。根据个人色彩属性，人可分为春季型人、夏季型人、秋季型人和冬季型人。各种类型的人，其色彩属性和所适合的服饰色彩具体如下。

（一）春季型人

春季型人皮肤白皙，多呈象牙色，脸颊易出现粉色红晕；头发明亮如绢，多呈柔和的黄色、浅棕色或茶色；瞳孔多呈琥珀色、棕色或茶色；嘴唇多呈珊瑚红或桃红色。春季型人充满朝气，给人以年轻、活泼、娇美的感觉，适合亮黄色、淡蓝色、浅金色等色彩鲜艳亮丽的服饰。

（二）夏季型人

夏季型人皮肤多呈乳白色或米白色，脸颊白里透红；头发柔软，多呈灰黑色、深棕色或褐色；瞳孔多呈深棕色或玫瑰棕色；嘴唇多呈粉色或紫色。夏季型人给人以温柔、亲切、知性的感觉，适合淡蓝色、淡粉色、淡紫色等色彩淡雅清新的服饰。

（三）秋季型人

秋季型人皮肤多呈象牙色、浅褐色或土褐色，脸颊很少出现红晕；头发多呈褐色或深棕色；瞳孔多呈浅琥珀色或深褐色；嘴唇泛白或呈深紫色。秋季型人深沉，给人以成熟、稳重、华贵的感觉，适合金色、橙色、砖红色、棕色等色彩浓郁的服饰。

（四）冬季型人

冬季型人皮肤多呈泛青的白色或偏白的黄褐色，脸颊不易出现红晕；头发较硬，光泽度高，多呈黑色、深灰色或深棕色；瞳孔多呈深棕色、黑色、黑褐色或灰色；嘴唇多呈深紫色。冬季型人坚定、冷艳，给人以成熟、机警、果敢的感觉，适合蓝色、紫色、墨绿色等色彩纯度高、明度适中的服饰。

探索与交流

2 人一组，互相观察对方的肤色、发色、瞳色和唇色，然后根据所学知识和自身的经验判断对方的个人色彩属性，并讨论双方分别适合哪种服饰色彩。讨论结束后，教师挑选几组学生在课堂上分享讨论结果。

四、服饰色彩与体形的搭配

一般而言，纯度和明度较高的色彩给人以膨胀的感觉，纯度和明度较低的色彩给人以收缩的感觉。在进行服饰色彩搭配时，应将色彩的膨胀感和收缩感与个人的体形特点相结合，以弥补体形的不足，从而塑造出更得体的职场形象。

在进行服饰色彩与体形搭配时，应注意以下事项：

（1）体形肥胖的人适合穿具有收缩感的深色系或淡雅的冷色系的服饰，全身色彩不应过多，一般不应超过三种。

（2）体形清瘦的人适合穿具有膨胀感的浅色系或沉稳的暖色系的服饰，不应选择色彩单一的冷色系或暗色系的服饰。

（3）体形矮小的人不应穿色彩过深或纯黑色的服饰。这种体形的人在服饰色彩搭配方面应掌握以下基本要领：① 最好选择温和的色彩，如浅黄色、米白色、淡蓝色等；② 上装与下装最好为同类色或邻近色。

（4）体形高大的人不应穿色彩偏浅或偏艳丽的服饰，以免给人带来视觉上的膨胀感，但是可选择色彩纯度较低、明度较低的服饰。

知识窗

色彩的膨胀感与收缩感

在相同的背景中，两个以上同形状、同面积的不同色彩的色块给人的感觉是不一样的。例如，位于灰背景中的白色色块与黑色色块，人们会感觉白色色块更大。这便是色彩的膨胀感与收缩感。

色彩的膨胀感与收缩感其实是一种错觉，主要由色彩的纯度和明度决定。一般而言，在面积相等的情况下，明度高或纯度高的色彩在视觉上具有膨胀感，因此显得面积大；明度低或纯度低的色彩在视觉上具有收缩感，因此显得面积小。

资料来源：http://jifa.meishujia.cn/index.php?act=app&appid=4100&mid=1621&p=view&said=127，有改动

五、服饰色彩与年龄的搭配

进行服饰色彩搭配还应考虑年龄的问题。对于婴儿，应选择色彩浅且柔和的服饰；对于少儿，应选择色彩鲜艳、对比鲜明、有大面积色彩拼接的服饰；对于青年人，应选择色彩鲜艳、时尚、富有个性的服饰；对于中年人，应选择色彩柔和、雅致的服饰；对于老年人，应选择色彩沉稳的服饰，如黑色、白色或灰色的服饰，也可选择色彩比较鲜艳的服饰，如大红色、紫红色或玫红色的服饰。

我国宋代服饰的色彩特征

服饰是物质文明和精神文明的重要载体，能够体现鲜明的时代特征和民族特色，表现人们的生活理念和审美情趣。我国素有“衣冠王国”之称，中华衣冠数千年，每个历史时期的服饰特征都是该时期政治、经济、社会和文化的集中反映。到了宋代，在理学思想的影响下，人们追求一种超然出尘、富有诗情画意的精神境界，这种追求也体现在服饰色彩上。

宋代以淡雅为时尚，服饰的色彩质朴、典雅。当时流行的服饰色彩明度较高，纯度较低，对比色搭配应用较少，整体色彩不如以前的鲜艳。淡红、珠白、淡蓝、浅黄是宋人最喜爱的服饰色彩。

1．淡红

宋人崇尚简朴，主张服饰不应过分奢华。在这种社会氛围下，宋代服饰摒弃了艳丽的色彩，多使用淡雅、素净的色彩，即使在使用最艳丽的红色时，也多用淡红。

2．珠白

宋人不追求唐代时期的花红柳绿，喜欢在同一色系上追求变化，且青睐白色。除纯白色外，宋人还喜爱月光白、青白、珠白、粉白。宋仁宗在朝堂上便常穿白色的圆领袍，但又不是单纯的白色，而是利用丝线的色彩，在白色的圆领袍上织出不同的花样，使圆领袍呈现出更富有层次的白色。白色纯洁、温润，如月光，也如宋人。

3．淡蓝

人们常用“揉蓝衫子杏黄裙”来形容宋人的典雅气质。淡蓝色在宋代十分流行，它最接近如玉的谦谦君子，最能体现谦谦君子那种温润、淡泊名利的自然美，给人一种清爽、高雅的感觉。

4．浅黄

浅黄色用在女子的服饰上，带着几分大家闺秀的娇柔与美好。李清照词中“和羞走，倚门回首，却把青梅嗅”的少女，就该穿一袭浅黄衣衫。

资料来源：朱芸．唐宋时期服饰色彩的研究［D］．西安：陕西师范大学，2010.

班级__________ 姓名__________ 学号__________

任务实施——服饰色彩搭配比赛

1. 任务描述

根据个人色彩属性和体形，为自己搭配服饰色彩。

2. 任务目的

（1）了解色彩三要素和色彩的基本类型、冷暖和所传递的情感。

（2）熟悉服饰色彩搭配的基本方式。

（3）掌握服饰色彩与个人色彩属性、体形、年龄的搭配。

3. 寻找伙伴

个人色彩属性相同的学生自动成为一组，从中选出组长，由组长进行任务分工，然后将相关信息填入表 2-1 中。

表 2-1 小组成员及分工情况

班级		个人色彩属性		指导教师	
小组成员	姓名	学号	任务分工		
组长					
组员					

4. 知识储备

在搭配服饰前，需要回答以下问题。

问题 1：什么是色彩三要素？

问题 2：色彩的基本类型有哪些？

问题 3：服饰色彩搭配的基本方式有哪些？

问题 4：不同色彩属性的人应如何搭配服饰色彩？

班级____________　姓名____________　学号____________

问题 5：不同体形的人应如何搭配服饰色彩？

5．模拟练习

（1）根据个人色彩属性和体形特点，为自己搭配一套服饰，并将该服饰的色彩特点填入表 2-2 中。

（2）组内成员相互点评。

（3）将他人对自己服饰的评价填入表 2-2 中，并根据该评价对自己的服饰进行适当调整。

表 2-2　模拟练习记录表

项目	具体内容
自己所搭配服饰的色彩特点	
他人对自己服饰的评价	

6．服饰展示与考核评价

进行服饰展示，教师根据每名学生服饰色彩的搭配情况和表 2-3 中的内容进行评价。

表 2-3　考核评价表

项目	评价内容	分值	教师评分
专业能力	理解本任务重要知识点	20	
	服饰的色彩自然、得体	25	
	服饰的整体效果好	25	
职业素养	拥有正确的审美观	15	
	语言组织能力强，字迹工整，书面整洁	15	
合　计		100	
综合评语		教师（签名）：	

任务二 职业服饰搭配

案例导入

小于五官端正、身材高挑，还能说一口流利的英语，在校期间担任过几次大型庆典活动的礼仪小姐。参加某航空公司的招聘面试当天，为了在众多面试者中脱颖而出，她精心打扮了一番，身穿一身性感的黑色紧身露背连衣裙，踩着鞋跟高约10厘米的红色高跟鞋，戴着时尚的手镯、造型独特的戒指、亮闪闪的项链和新潮的耳坠，在众多面试者中非常扎眼。

三位面试官看到小于后，相互交换了一下眼色，其中一位面试官说："小于，请下去等通知吧。"

请思考：

（1）小于会被聘用吗？为什么？

（2）服饰搭配的基本原则有哪些？

（3）在搭配职业女性的服饰时，应注意哪些事项？

相关知识

人靠衣装。不同的穿着可以显露不同的气质，代表着不同的身份和角色。职场人士应在遵循服饰搭配基本原则的基础上，结合自身的特点，为自己搭配合适的服饰。

一、服饰搭配的基本原则

（一）TOP 原则

TOP 是三个英语单词的首字母缩写，分别代表时间（time）、场合（occasion）和地点（place）。所谓 TOP 原则，是指穿着应与时间、所处的场合和地点相适应。TOP 原则是服饰搭配最基本的原则。

扫一扫

服饰搭配的基本原则

1. 时间原则

这里的"时间"包含以下三层含义：① 每天的早上、中午和晚上；② 每年的春夏秋冬四季；③ 不同的时代。职场人士应根据时间的不同更换服饰。例如，春季时，空姐在工作期间应穿舒适的裤式制服，如图 2-5 所示；夏季时，空姐在工作期间应穿清凉、透气的裙式制服，如图 2-6 所示。

图 2-5　春季时穿裤式制服

图 2-6　夏季时穿裙式制服

2．场合原则

职场人士应根据场合搭配服饰，使穿着与场合的氛围相适应。例如，在庄重的场合，应穿戴较正式的服饰，若穿便服或打扮得花枝招展，则会让人觉得缺乏诚意；出席宴会时，应穿礼服，如图 2-7 所示；参加同事聚会时，应穿戴轻便、舒适的服饰。

图 2-7　穿礼服出席宴会

3．地点原则

职场人士的穿着应与当地的文化、习俗和社会环境相适应。例如，在法国，出席庆典活动时，男性应穿燕尾服（见图 2-8）或西装，女性应穿单色连衣裙式大礼服或小礼服；在德国，男性大多爱穿西装、夹克，并且喜欢戴呢帽，女性大多爱穿翻领长衫或色彩淡雅的长裙。

a）侧面

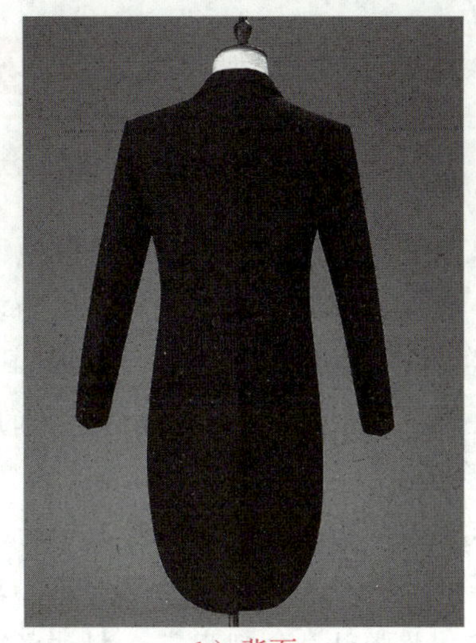
b）背面

图 2-8　燕尾服

（二）整体性原则

得体的服饰搭配能够起到修饰形体、容貌的作用，从而产生和谐的整体美。服饰的整体美是从人的形体、内在气质和服饰的款式、色彩、质地、工艺、着装环境等因素的和谐统一中显现出来的。

（三）个性化原则

职场人士应根据自身情况（包括妆容、发型、肤色、体形、年龄、性格、职业等）来搭配服饰，以突出个人的特色。服饰搭配要因人而异，重在扬其所长，避其所短，从而展现独特的个人魅力和最佳风貌。例如，化着古典妆容的女性应选择复古、典雅的服饰，肤色偏暗的人应选择自然、简洁的服饰。

探索与交流

小钱接受朋友的邀请，打算在周日参加朋友间的聚会。为了表示对朋友的尊重，周日一大早，小钱身穿西装，脚穿皮鞋，并对着镜子戴好领结，仔细打扮好后才前去赴约。他们来到一家餐厅就餐，边吃边聊，大家都很开心。由于就餐环境温度较高，不一会儿，小钱就已汗流浃背，不停地用纸巾擦汗。

饭后，小钱和朋友到保龄球馆打保龄球。在球场上，小钱不断为朋友鼓掌叫好。在朋友的强烈要求下，小钱整理好衣服，拿起保龄球准备投球。当他用力将球投出去时，上衣突然崩掉了一粒扣子，这使他十分尴尬。

2 人一组，讨论小钱的穿着违背了服饰搭配的哪些基本原则，然后说出改进方法。

通文达艺

我国传统服饰文化的美学思想

中华民族在漫长的历史长河中孕育了璀璨的服饰文化。在经济全球化和文化多元化的今天，我国传统服饰文化在世界服饰文化舞台上大放异彩，同时，我国传统服饰文化的美学思想也在潜移默化中影响着国人的审美观念。总体而言，社会美、自然美、和谐美和形式美是我国传统服饰文化的四大美学思想。

1．社会美

儒家代表人物孔子的服饰观对后世的服饰观产生了巨大影响。孔子以仁义为道德典范，以等级、秩序和礼仪来约束着装，其服饰观强调着装的政治伦理意识，突出社会礼仪规范。推崇社会伦理规范，制订彰显礼法的服饰礼仪制度，是我国传统服饰文化的核心。

在我国古代社会，服饰不仅彰显着个人的身份和地位，也成为社会治乱的标志。凡符合社会伦理规范的着装就是美的，违背社会伦理规范的着装就是丑的。这种以社会伦理规范作为服饰美丑的标准，奠定了我国传统服饰美学的社会基础。

2．自然美

“天人合一”是我国古代哲学思想，强调天道与人道、自然与人为的相通与一致。古人认为服饰依赖于人的形体，美是人体生命的自然流露。古人追求形体的自然美，并把舒适性作为评判服饰美丑的重要标准，推崇服饰的宽大、飘逸和内敛之美。

这种以自然为美的美学思想，贯穿于我国传统服饰文化的各个方面。例如，制作服饰的材料取于自然，服饰的款式、色彩等与自然统一。

3．和谐美

纵观我国几千年的服饰发展史，和谐美一直是我国传统服饰文化的重要组成部分。我国传统服饰兼顾保暖功能与审美风尚，服饰与自然、社会、人群和谐一致，体现了实用价值、文化价值和审美价值，能够给人以和谐美的感觉。

4．形式美

我国古代先民在设计服饰时，充分考虑各种艺术因素，对服饰的点、线、面、体等进行综合造型，对服饰的款式、面料、色彩等进行创新，丰富了我国传统服饰的表现形式和美学意蕴。

资料来源：https://epaper.gmw.cn/gmrb/html/2014-10/12/nw.D110000gmrb_20141012_4-07.htm，有改动

二、职业女性的服饰搭配技巧

西装套裙是职业女性常穿的服装之一。下面以西装套裙为例，说明职业女性的服饰搭配技巧。

（一）选择合适的西装套裙

在选择西装套裙时，应注意以下事项：

（1）选择面料光滑、有弹性、手感好、不易起皱、不沾毛、不起球的西装套裙。

（2）尽量不选择色彩过于鲜艳亮丽的西装套裙。西装套裙的最佳色彩是藏青、炭黑、茶褐、土黄、紫红、灰色、棕色、米色。西装套裙的上衣和下裙可以是同一色彩，也可以形成上浅下深或上深下浅的对比色。

（3）出席正式场合时，最好选择不带任何图案的西装套裙，其上的配饰（如珍珠、蕾丝等）不宜过多。

（4）选择合体的西装套裙。西装套裙的上衣不应过长，下裙不应过短，裙长最好达到小腿中部。上衣和下裙也不应过于肥大或紧身。

（二）选择得体的衬衣

在选择衬衣时，应注意以下事项：

（1）选择真丝、麻纱、纯棉等面料轻薄、柔软的衬衣。

（2）选择色彩雅致的衬衣。除了选择白色衬衣外，还可以选择色彩雅致，且与西装套裙的色彩协调的衬衣。此外，衬衣和西装套裙的色彩应形成深浅对比，要么内浅外深（见图 2-9），要么内深外浅。

图 2-9 衬衣和西装套裙形成内浅外深的效果

（三）搭配合适的鞋袜

在搭配鞋袜时，应注意以下事项：

（1）穿高跟或半高跟的船式皮鞋（见图 2-10），不穿皮靴（见图 2-11）、丁字式皮鞋（见图 2-12）、系带式皮鞋（见图 2-13）或凉鞋等。此外，鞋子的色彩应与服装的色彩保持协调，且最好与手袋的色彩保持一致。

图 2-10　船式皮鞋

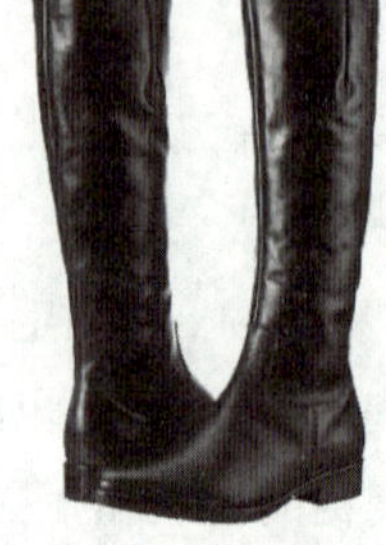
图 2-11　皮靴

图 2-12　丁字式皮鞋

图 2-13　系带式皮鞋

（2）搭配肉色、黑色、浅灰色或浅棕色的长筒丝袜，且最好选择单色长筒丝袜，切忌穿色彩艳丽或带有花纹的袜子，也不能穿渔网袜和破损、脱丝的袜子。

（四）佩戴合适的饰品

饰品起装饰点缀作用。职业女性可以佩戴饰品，但是佩戴的饰品不宜过多。职业女性经常佩戴的饰品有帽子、丝巾、手袋、耳饰、项链、戒指、手表等，其佩戴要求具体如下。

1. 帽子

职业女性应根据自身的年龄、肤色、脸形、服装来选择帽子。此外，某些职业的从业者在工作时要佩戴符合岗位规定的帽子。例如，护士在工作时要戴护士帽。

2. 丝巾

职业女性可选择色彩多样的三角巾、长巾、方巾等。某些职业的从业者（如空姐）在工作时要按规定佩戴统一的丝巾并系规定的花结（如小平结、扇形结、玫瑰花结、三角结等，见图 2-14）。

a）小平结

b）扇形结

c）玫瑰花结

d）三角结

图 2-14　用丝巾系出的花结

3. 手袋

职业女性在穿西装套裙时，应根据自己的身材来搭配手袋，以简单、大方、实用为原则。身材高大的女性，不适合拎精致小巧的手袋；身材小巧的女性，不适合拎过大、笨重的手袋。

4. 其他饰品

职业女性在穿西装套裙时，还可佩戴耳饰、项链、戒指、手表等饰品，但要按一定的要求佩戴，具体如下：

（1）耳饰。耳饰分为耳钉、耳环、耳坠等，一般应成对使用。在佩戴耳饰时，应注意以下事项：① 根据脸形选择耳饰，注意不要选择与自己脸形相似的耳饰，如长脸的人宜戴圆形耳饰，不宜戴狭长的耳饰；② 选择与服装和其他饰品的款式、色彩、价值等相协调的耳饰；③ 最好佩戴款式简单的耳饰，如图 2-15 所示。

（2）项链。在佩戴项链时，应注意以下事项：① 根据自己的年龄、体形、服装选择项链；② 最好选择纯金、纯银质地的项链。

（3）戒指。最好佩戴款式简单的戒指，如图 2-16 所示。

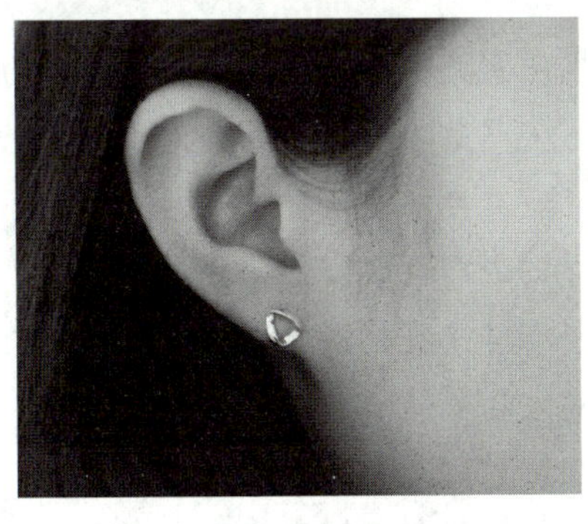
图 2-15　款式简单的耳饰

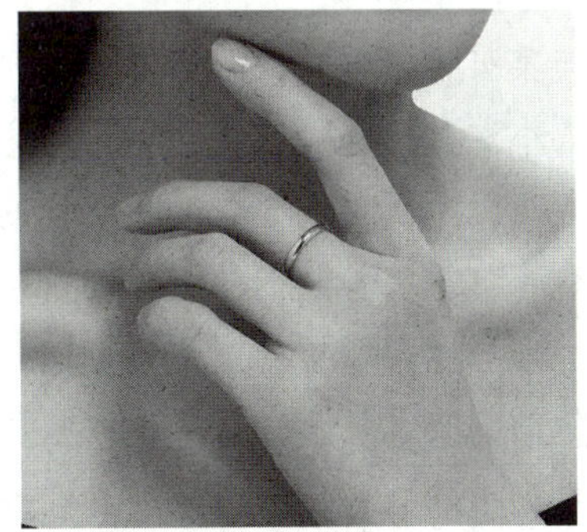
图 2-16　款式简单的戒指

（4）手表。在佩戴手表时，应注意以下事项：① 选择款式简单的手表；② 最好选择表带为金属材质或皮质的手表；③ 避免佩戴卡通手表（见图 2-17）、运动手表。

图 2-17 卡通手表

（五）遵守服饰穿戴规范

除了注意服饰搭配外，职业女性在穿西装套裙时，还应遵守以下服饰穿戴规范：

（1）穿衬衣时，将衬衣下摆掖入裙腰内，不能将其放在裙腰之外，也不能将其在腰间打结。

（2）整理好上衣衣领，不能卷起袖口。

（3）出席正式会议时，将上衣扣子全部扣上，且不能光着腿。

（4）不得当着他人的面随便脱下上衣，不得将上衣披在身上或者搭在肩上。

（5）时刻保持服饰整齐、干净，做到上衣平整、裙线笔挺，避免服饰出现起皱、开线、破损、掉扣等现象。

一场因穿着打扮不当而毁掉的谈判

在与某公司谈判前，G 公司总经理叮嘱担任翻译的小沈和提供会议服务的小陈做好准备。小沈和小陈除了在会议内容方面做了充足的准备外，还特意打扮了一番。

谈判当天，只见坐在总经理身边的小沈衣着鲜艳，还戴着金光闪闪的耳环和宝石戒指。这身打扮使总经理身上那套价值上万元的名牌西装黯然失色。

总经理与客商在接待室谈话期间，只听见一阵急促的高跟鞋声，小陈就推开门，进来为他们倒茶水。她打扮得花枝招展，一对大耳环晃来晃去，五颜六色的手镯碰撞有声。看到小陈的打扮，总经理和客商都不由得皱起了眉头。

谈判中，双方由于价格问题产生了分歧。总经理本想暂停谈判，待下次会面时再谈论价格问题，但他还没来得及与客商约定下次会面的时间，客商就十分不悦地说道：

"贵公司的员工打扮成这样来接待我们，看来根本就不想跟我们好好谈判，在这里讨论价格又有什么意义呢？"话音刚落，客商便拂袖而去，谈判也以失败告终。

资料来源：李晓妍，刘慧，孟会芳．化妆技巧与形象设计［M］．北京：航空工业出版社，2021．

三、职业男性的服饰搭配技巧

西装是职业男性常穿的服装之一。下面以西装为例，说明职业男性的服饰搭配技巧。

（一）选择合适的西装

在选择西装时，应注意以下事项：

（1）根据自己的身高、体形等选择款式合适的西装。例如，较胖的人最好不要选择收腰款西装，较矮的人最好不要选择上衣较长、肩较宽的西装。

（2）选择风格合适的西装。根据纽扣的多少来划分，西装可分为单排扣西装（见图 2-18）和双排扣西装（见图 2-19）。单排扣西装较传统，双排扣西装较时尚。职场人士应根据自己的气质和喜好选择风格合适的西装。

图 2-18　单排扣西装

图 2-19　双排扣西装

（3）选择色彩和面料合适的西装。出席正式会议时，应穿用黑色、深灰色、深蓝色等深色的全毛面料制作的西装；对于日常所穿的西装，则不必太讲究其色彩和面料。值得注意的是，无论在哪种场合下，都要选择挺括有型的西装。

探索与交流

除了西装外，男性在职场中还可穿哪种服装？

（二）选择得体的衬衣

在选择衬衣时，应注意以下事项：

（1）选择挺括、整洁、无褶皱的衬衣，衬衣的领口要干净。

（2）选择与西装色彩相协调的衬衣。单色衬衣配条纹或方格图案的西装的效果较好，花色衬衣配单色西装的效果较好。方格图案的衬衣不应配条纹图案的西装，条纹图案的衬衣也不应配方格图案的西装。

（3）选择袖长适中的衬衣。抬手时，衬衣的袖子比西装的袖子长 2 厘米为宜。

（4）选择领口高于内衣且袖子长于内衣的衬衣，以免内衣外露。

（三）选择合适的皮带

在选择皮带时，应注意以下事项：

（1）选择色彩较深的单色皮带。

（2）选择色彩自然、设计简单的皮带。

（3）出席正式会议时，不宜选择有花纹或装饰性皮带扣的皮带。

（四）选择合适的领带

领带（见图 2-20）是职业男性经常佩戴的饰品之一。领带主要可以系成单结、温莎结、双结、十字结、交叉结等。

图 2-20　领带

在选择领带时，应注意以下事项：

（1）选择与西装、衬衣的款式、色彩相协调的领带。需要注意的是，领带的色彩与西装的色彩不宜完全一致，以免给人呆板的感觉。

（2）出席正式会议时，选择深色领带；出席非正式会议时，选择浅色领带。

（五）搭配合适的鞋袜

在搭配鞋袜时，应注意以下事项：

（1）穿皮鞋而不能穿运动鞋、布鞋等。

（2）选择与西装色彩相协调的皮鞋。

（3）选择比西装色彩稍深的袜子，使其在皮鞋与西装之间起到过渡作用。切忌穿白色袜子。

（六）选择合适的公文包

在选择公文包时，应注意以下事项：

（1）最好选择真皮材质的公文包。

（2）选择色彩较深的单色公文包，以黑色和棕色公文包为佳。

（3）选择款式简洁大方、无过多装饰的公文包，以手提式长方形公文包（见图 2-21）为佳。

（4）选择大小合适的公文包。一般而言，公文包应能够装下 A4 纸大小的书籍，最好能够装下小型笔记本电脑。

图 2-21 手提式长方形公文包

小贴士

随着笔记本电脑的普及和无纸化办公的发展，电脑包（见图 2-22）大有取代公文包的趋势。在出席商务活动时，如果需要使用电脑，则在电脑包中装一台笔记本电脑，再装一些文件，也是合适的。

图 2-22 电脑包

（七）遵守服饰穿戴规范

除了注意服饰搭配外，职业男性在穿西装时，还应遵守以下服饰穿戴规范：

（1）穿衬衣时，要将衬衣的下摆掖入西裤内，并且不要将衬衣领口翻在西装外面。

（2）切忌穿过多内衣。除了背心外，最好不要在衬衣内穿其他衣物。若天气较冷，可以在衬衣外面穿一件毛衣或毛背心，但毛衣或毛背心不要过于宽松，以免显得臃肿，从而影响穿西装的效果。

（3）领结要紧靠衣领，以不勒脖子为准，同时，领带垂下的长度要能刚好接触到皮带。此外，要用金色或银色的领带夹（见图 2-23）固定领带。

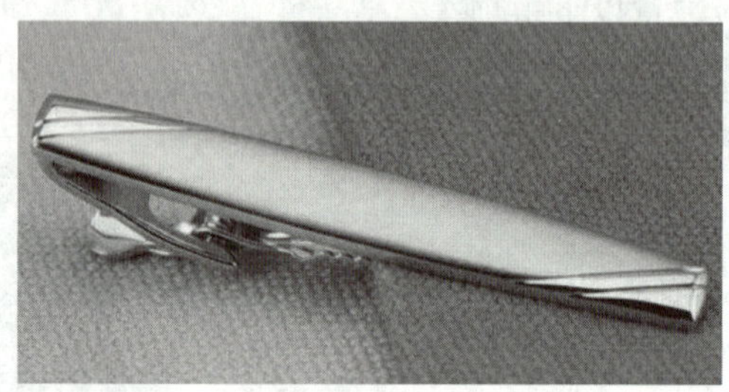

图 2-23　领带夹

（4）站立时，要将上衣的扣子扣好，使自己看起来干净利落；坐下时，要将上衣的扣子解开，使自己不受束缚，能够舒适、自在地坐在位子上。

（5）遵守三色原则。全身不要超过三种色彩，但也不能全身上下只有一种色彩。

（6）遵守“三一”定律，即鞋子、皮带、公文包的色彩要协调一致。

（7）拆掉上衣袖子上的商标。

（8）切忌在腰间挂物品。

（9）出席正式会议时，可佩戴款式简单的金属材质的手表（如石英手表，见图 2-24），切忌佩戴塑料材质的手表（如电子手表，见图 2-25）。此外，除婚戒外，最好不要佩戴其他戒指。

图 2-24　石英手表

图 2-25　电子手表

同步案例

服饰助许先生创业成功

商人许先生清楚地认识到在商业社会中，人们通常是根据一个人的穿着打扮来判断对方实力的。

有一次，许先生想出版一本杂志。为了获得出版商的赞助，他首先拜访了一位私人服装设计师，并在这位设计师处定制了三套高级西装。然后，他又买了一整套质量非常好的衬衣、领带和内衣。购置好服饰后，每天早上，他都穿得非常正式，在同一时间“邂逅”同一位出版商。他每天都会和这位出版商打招呼，偶尔和他聊上几句。

这种例行性会面大约持续了一个星期，那位出版商便开始主动与许先生搭话，并说：“看起来，你的事业做得相当不错。”由于许先生身上透露出的气质引起了该出版商极大的好奇心，于是该出版商问许先生从事的是哪一行业。这正是许先生所期待的事情。

交谈中，许先生故作轻松地告诉该出版商：“我正在筹备一本杂志的出版事宜。”出版商说：“我是从事杂志发行的，也许我可以帮您的忙。”这正是许先生等待的那句话。随后，该出版商邀请许先生共进晚餐，并与许先生签订了杂志发行合约。

资料来源：张岩松．职业形象设计［M］．2版．北京：清华大学出版社，2019.

班级__________ 姓名__________ 学号__________

任务实施——职业服饰搭配比赛

1. 任务描述

在餐厅服务员、酒店大堂经理、空乘人员、教师、银行职员等职业中任选其一，然后根据所选职业的特点和要求，为自己搭配一套职业服饰。

2. 任务目的

（1）掌握服饰搭配的基本原则。

（2）熟悉职业女性（或男性）服饰搭配的注意事项。

3. 寻找伙伴

选择相同职业的学生自动成为一组，从中选出组长，由组长进行任务分工，然后将相关信息填入表 2-4 中。

表 2-4 小组成员及分工情况

<table>
<tr><td>班级</td><td></td><td>职业</td><td></td><td>指导教师</td><td></td></tr>
<tr><td>小组成员</td><td>姓名</td><td>学号</td><td colspan="3">任务分工</td></tr>
<tr><td>组长</td><td></td><td></td><td colspan="3"></td></tr>
<tr><td rowspan="4">组员</td><td></td><td></td><td colspan="3"></td></tr>
<tr><td></td><td></td><td colspan="3"></td></tr>
<tr><td></td><td></td><td colspan="3"></td></tr>
<tr><td></td><td></td><td colspan="3"></td></tr>
</table>

4. 知识储备

在搭配职业服饰前，需要回答以下问题。

问题 1：职业服饰搭配的基本原则有哪些？

问题 2：职业女性（或男性）在穿西装套裙（或西装）时需要注意哪些事项？

班级____________　姓名____________　学号____________

5. 模拟练习

（1）根据个人色彩属性、体形和所选职业的特点，为自己搭配一套职业服饰，并将该服饰的特点填入表 2-5 中。

（2）组内成员相互点评。

（3）每名学生将他人对自己服饰的评价填入表 2-5 中，并根据该评价对自己的服饰进行适当调整。

表 2-5　模拟练习记录表

项目	具体内容
自己所搭配服饰的特点	
他人对自己服饰的评价	

6. 服饰展示与考核评价

进行服饰展示，教师根据每名学生服饰的搭配情况和表 2-6 中的内容进行评价。

表 2-6　考核评价表

项目	评价内容	分值	教师评分
专业能力	理解本任务重要知识点	20	
	遵循服饰搭配的基本原则	25	
	服饰的整体效果好	25	
职业素养	拥有正确的审美观	15	
	语言组织能力强，字迹工整，书面整洁	15	
合　计		100	
综合评语		教师（签名）：	

学习成果自测

1. 填空题

（1）在色彩学中，________、________和________是色彩的三个基本特性。

（2）________、________给人的感觉不冷不暖，属于中性色系。

（3）________是指将一种或多种色彩与黑色、白色、灰色中的任一色彩搭配在一起。

（4）职业男性在穿西装时，应遵守“三一”定律，即________、________和________的色彩要协调一致。

2. 单项选择题

（1）（　　）是指色彩所呈现出来的质的面貌，是区别不同色彩的标准。

A. 色相　　B. 明度

C. 纯度　　D. 色调

（2）（　　）属于无彩色。

A. 灰色　　B. 金色

C. 橙色　　D. 银色

（3）服饰搭配要因人而异，重在扬其所长，避其所短，从而展现独特的个人魅力和最佳风貌。这体现的是服饰搭配的（　　）。

A. 时间原则　　B. 地点原则

C. 整体性原则　　D. 个性化原则

3. 案例分析题

空姐小苏在飞机起飞前发现自己的丝袜脱丝了，由于没有带新的丝袜，只能穿着脱丝的丝袜为旅客服务。在服务结束后，乘务长狠狠地批评了小苏。

请问小苏的做法可能导致哪些不良后果？

学习成果评价

请进行学习成果评价，并将评价结果填入表 2-7。

表 2-7　学习成果评价表

<table>
<tr><td>班级</td><td></td><td>姓名</td><td></td><td>学号</td><td colspan="2"></td></tr>
<tr><td rowspan="2">评价项目</td><td rowspan="2" colspan="3">评价内容</td><td rowspan="2">分值</td><td colspan="2">评分</td></tr>
<tr><td>自我评分</td><td>教师评分</td></tr>
<tr><td rowspan="8">知识
40%</td><td colspan="3">色彩的基本知识</td><td>5</td><td></td><td></td></tr>
<tr><td colspan="3">服饰色彩搭配的基本方式</td><td>5</td><td></td><td></td></tr>
<tr><td colspan="3">服饰色彩与个人色彩属性的搭配</td><td>5</td><td></td><td></td></tr>
<tr><td colspan="3">服饰色彩与体形的搭配</td><td>5</td><td></td><td></td></tr>
<tr><td colspan="3">服饰色彩与年龄的搭配</td><td>5</td><td></td><td></td></tr>
<tr><td colspan="3">服饰搭配的基本原则</td><td>5</td><td></td><td></td></tr>
<tr><td colspan="3">职业女性的服饰搭配技巧</td><td>5</td><td></td><td></td></tr>
<tr><td colspan="3">职业男性的服饰搭配技巧</td><td>5</td><td></td><td></td></tr>
<tr><td rowspan="2">技能
40%</td><td colspan="3">能合理搭配服饰色彩</td><td>20</td><td></td><td></td></tr>
<tr><td colspan="3">能合理搭配职业服饰</td><td>20</td><td></td><td></td></tr>
<tr><td rowspan="4">素养
20%</td><td colspan="3">积极参加教学活动，遵守课堂纪律</td><td>5</td><td></td><td></td></tr>
<tr><td colspan="3">具备良好的学习态度</td><td>5</td><td></td><td></td></tr>
<tr><td colspan="3">认真完成任务实施</td><td>5</td><td></td><td></td></tr>
<tr><td colspan="3">主动与他人合作与沟通</td><td>5</td><td></td><td></td></tr>
<tr><td colspan="4">合　计</td><td>100</td><td></td><td></td></tr>
<tr><td colspan="4">总分（自我评分×40%+教师评分×60%）</td><td colspan="3"></td></tr>
<tr><td>自我评价</td><td colspan="6"></td></tr>
<tr><td>教师评价</td><td colspan="6"></td></tr>
</table>

项目三

声音与口语表达

项目引言

有声语言的力量是不可估计的，它既是传递信息和传播思想的重要手段，也是表达情感的重要载体，对促进人际沟通起着至关重要的作用。职场人士应重视塑造声音，并努力增强口语表达能力，从而提高人际沟通效率。

本项目将介绍与声音、口语表达有关的知识。

知识目标

- 学会塑造良好的声音形象。
- 增强口语表达能力。

素质目标

- 了解《中华人民共和国国家通用语言文字法》关于在工作岗位上说普通话的规定，深刻认识说好普通话的重要性，调动学习普通话的积极性。
- 学会正确发音，增强口语表达能力，从而促进社会交往。

任务一　塑造良好的声音形象

案例导入

一些人说话时不分 z、c、s 与 zh、ch、sh，难免让人会错意。有一次，某地一商家与消费者之间就因此产生了误会，还差点拳脚相向。

消费者说，他在该商家处购买了一袋儿童食品，孩子在食用时发现里面的食品已经霉变。他便找到该商家，谁知对方出口就问："吃死了没有？没死就好！"他一听就火了，遂要求对方道歉，并赔偿 1 000 元人民币作为精神损失费。由于未能达成一致意见，双方闹到了消费者协会。

消费者协会工作人员在详细了解情况后得知，原来该商家说话时发音不准，在听到消费者吃了霉变食品后非常紧张，于是问道："出事了没有？没事就好！"消费者却听成了"吃死了没有？没死就好！"经工作人员解释，该商家诚心诚意地向消费者进行了赔礼道歉，并按货款的 5 倍进行了赔偿。

请思考：

（1）在工作中需要说普通话吗？为什么？

（2）说好普通话需要重点注意哪些语音规范？

（3）可以通过哪些方式训练发音？

相关知识

声音的美学功能是不言而喻的。一个人的声音如果悦耳动听，就会产生感染力，讲话内容就容易引起听者的共鸣。职场人士应熟练掌握普通话的语音规范，积极进行发音训练，使自己的声音达到"美"的基本标准。

悦耳动听的朗诵声

一、声音"美"的基本标准

（一）正确清晰

所谓正确，是指发音要正确。一方面，不能读别字，如将"绽"（zhàn）读成"定"（dìng）；

另一方面，不能采用直译的方式将方言变成蹩脚的普通话。所谓清晰，是指吐字清楚，不含糊，没有前言不搭后语或说话结结巴巴的状况。

（二）明快清脆

所谓明快，是指说话时有正确的停顿和适当的节奏。所谓清脆，是指发音干脆利索，不拖泥带水。

（三）圆浑洪亮

所谓圆浑，是指声音婉转而圆润自然。所谓洪亮，是指声音响亮。如果说“正确清晰”是对发音科学化的要求，那么“圆浑洪亮”则是对发音艺术化的要求。

（四）清越活泼

所谓清越，是指声音清脆悠扬。所谓活泼，是指声音富于变化，生动而不呆板。

法律在线

《中华人民共和国国家通用语言文字法》第十九条第一款规定：“凡以普通话作为工作语言的岗位，其工作人员应当具备说普通话的能力。”

二、语音规范

我国历史悠久，幅员辽阔，方言众多，使得有声语言异彩纷呈，但是众多的方言也严重阻碍了人际沟通。因此，在全国范围内推广普通话不仅有助于促进人际沟通，还有助于推动国家通用语言文字的规范化、标准化与健康发展。职场人士应主动学习普通话的语音规范，在人际沟通中熟练地运用标准的普通话，以便准确、清晰地表达自己的意思。

小贴士

普通话是指以北京语音为标准音、以北方话为基础方言、以典范的现代白话文著作为语法规范的现代汉民族共同语。需要注意的是，普通话不等于北方话或北京话，因为它还吸收了其他方言以及古代汉语和其他民族语言中的成分，在表现力和社会功能方面比任何方言都更丰富、更完善。为了更好地推广普通话，经国务院批准，自 1998 年起，每年 9 月份第三周为全国推广普通话宣传周。

普通话语音系统主要包括声母、韵母、声调、音节、变调、轻声、儿化、语调等。下面重点介绍声母、韵母、声调、变调。

（一）声母

声母是指普通话语音的一个音节开头的辅音，如“中”（zhōng）字的 zh，“天”（tiān）字的 t。普通话共有 21 个声母（包括零声母在内共有 22 个），分别为 b、p、m、f、d、t、n、l、g、k、h、j、q、x、zh、ch、sh、r、z、c、s。

小贴士

辅音又称子音，发音时气流在发音器官的某一部分受到一定阻碍，如普通话语音的 b、t、s、m、l 等。

零声母是指以 a、o、e、i、u、ü 等元音起头的音节的声母。例如，“恩”（ēn）、“欧”（ōu）、“鹅”（é）、“爱”（ài）等的声母就是零声母。

元音又称母音，发音时气流自由呼出，不受任何阻碍，如普通话语音的 a、o、e、i、u、ü 等。

应注意区分以下两组声母的发音。

1. z、c、s 与 zh、ch、sh

z、c、s 为舌尖前音（又称“平舌音”）。发音时，用舌尖抵住或接近上门齿背，并平伸舌尖。zh、ch、sh 为舌尖后音（又称“翘舌音”）。发音时，放松舌，用舌尖接触或接近硬腭前端，并翘起舌尖。

2. n 与 l

n 为鼻音。发音时，用舌尖抵住上齿龈，使舌的两侧与口腔上部完全闭合，软腭下垂，打开鼻腔通路，使气流从鼻腔流出。l 为边音。发音时，用舌尖抵住上齿龈的后部，阻塞气流从口腔中路通过的通道，软腭上升，关闭鼻腔通道，使气流从舌两侧流出。

扫一扫

n、l 的辨正

知识窗

发音器官

发音器官是指人体参与发音活动的器官。按照在发音活动中的作用划分，发音器官可分为以下四种类型：

（1）呼吸器官，包括呼吸道、肺和胸廓等，其作用是为发音提供所需的空气动力。

（2）发声器官，包括喉头、声带等，其作用是在空气动力推动下，发出可供共鸣器官和吐字器官加工的声音。

（3）共鸣器官，包括口腔、咽腔、鼻腔和胸腔等，其作用是形成语音、扩大音量、丰富音色。

（4）吐字器官，包括唇、齿、舌、软腭、硬腭等，其作用是对发声器官发出的声音进行加工，形成具有意义的语音。

探索与交流

学生先练习下列汉字的读音，然后教师挑选几名学生在课堂上朗读下列汉字，并对学生的朗读情况进行点评。

1. 平翘舌音交错练习

z–zh	杂志	作者	做主	诅咒	增长	在职	增值	组织	栽种	造纸	资质
zh–z	正宗	种族	知足	指责	职责	壮族	追踪	正在	住在	主宰	转载
c–ch	财产	擦车	餐厨	擦除	错处	促成	操场	裁撤	操持	仓储	彩车
ch–c	差错	尺寸	吃醋	储藏	炒菜	初次	揣测	除草	穿刺	陈醋	出操
s–sh	私事	四十	死水	损伤	私塾	算术	松树	随时	碎石	松鼠	素食
sh–s	生死	失散	输送	伸缩	十四	神色	胜诉	哨所	深思	上司	绳索

2. 平翘舌音对比练习

z–zh	赞–站	增–蒸	尊–谆	怎–枕	自–志	灾–摘	砸–炸	子–指
c–ch	才–柴	岑–陈	村–春	粗–出	催–吹	曹–朝	测–撤	残–馋
s–sh	四–是	苏–书	桑–商	损–吮	赛–晒	散–善	三–山	宿–数

3. 鼻边音交错练习

n–l	奶酪	耐劳	脑力	内力	努力	奴隶	农林	鸟类	纳凉	内涝	能力
l–n	冷暖	流年	留念	来年	老年	烂泥	落难	历年	理念	岭南	辽宁

4. 鼻边音对比练习

n–l	那–辣	女–吕	你–里	难–蓝	聂–列	虐–略	逆–力	牛–留	怒–路

（二）韵母

韵母是指汉语一个音节中除声母和声调以外的部分。普通话共有 39 个韵母，可分为单韵母、复韵母、鼻韵母三大类。其中，单韵母有 10 个，分别为 a、o、e、ê、i、u、ü、-i（前）、-i（后）、er；复韵母有 13 个，分别为 ai、ei、ao、ou、ia、ie、ua、uo、üe、iao、iou、uai、uei；鼻韵母有 16 个，分别为 an、en、in、ün、ang、eng、ing、ong、ian、uan、üan、uen、iang、uang、ueng、iong。

人们容易混淆韵尾为-n 和-ng 的几组韵母，包括 an 与 ang、en 与 eng、in 与 ing、ian 与 iang、uan 与 uang。

韵尾为-n 的为前鼻韵母。发音时，发出元音后，软腭下降，打开鼻腔通路，同时舌面前部与硬腭前部闭合，使气流从鼻腔透出。韵尾为-ng 的为后鼻韵母。发音时，发出元音后，软腭下降，打开鼻腔通路，同时舌面后部与软腭闭合，使气流从鼻腔透出。

探索与交流

学生先练习下列汉字的读音，然后教师挑选几名学生在课堂上朗读下列汉字，并对学生的朗读情况进行点评。

an–ang	安–肮	搬–帮	盘–旁	反–访	蓝–郎	含–行	站–账	产–场
en–eng	奔–崩	喷–烹	分–风	嫩–能	根–庚	肯–坑	门–萌	盆–朋
in–ing	音–应	宾–冰	贫–凭	民–明	您–宁	林–玲	金–经	亲–清
ian–iang	年–娘	连–量	间–将	签–枪	先–香	线–像	件–降	鲜–相
uan–uang	管–广	关–光	宽–框	欢–慌	专–装	穿–窗	栓–双	船–床

（三）声调

声调是指字音的高低升降。普通话共有以下四个声调：

（1）阴平——高平调，符号为“-”，调值为55。发音时，将声带绷到最紧，始终没有明显变化，一直保持高音。发音例字：

兄（xiōng）　亏（kuī）　晕（yūn）　温（wēn）　熏（xūn）

（2）阳平——高升调，符号为“ˊ”，调值为35。发音时，声带从不松不紧开始，逐渐绷紧，到最紧为止，声音由不高不低升到最高。发音例字：

人（rén）　情（qíng）　莹（yíng）　林（lín）　能（néng）

（3）上声——降升调，符号为“ˇ”，调值为214。发音时，声带从略微有些紧开始，然后立刻松弛下来并稍微延长一段时间，再迅速绷紧，但不要崩到最紧。上声的音长在普通话的4个声调中是最长的。发音例字：

惹（rě）　九（jiǔ）　取（qǔ）　袄（ǎo）　领（lǐng）

（4）去声——全降调，符号为“ˋ”，调值为51。发音时，声带从最紧开始，到完全松弛为止，声音由高到低。去声的音长在普通话的四个声调中是最短的。发音例字：

热（rè）　去（qù）　互（hù）　力（lì）　爱（ài）

小贴士

声调符号标在音节的主要元音上，轻声不标，如吗（ma）。汉语拼音声调标注口诀：有a在，把帽戴；a不在，o、e戴；要是i、u在一起，谁在后面给谁戴。

（四）变调

变调是指两个或两个以上的字组发音时因互相影响而产生的声调变化。在普通话中，常见的变调有上声变调、“一”“七”“八”“不”的变调。由于篇幅有限，在此只简要介绍

"一""不"的变调。

1. "一"的变调

"一"的单字调是阴平 55，在单念或处在词句末尾时不变调。总体而言，"一"有以下两种变调：

（1）在去声音节前，调值变为35，跟阳平的调值一样。例如（以下"一"字标变调）：

一半（yíbàn）　一旦（yídàn）　一定（yídìng）

一度（yídù）　一概（yígài）　一共（yígòng）

（2）在阴平、阳平、上声音节前，即在非去声音节前，调值变为 51，跟去声的调值一样。例如（以下"一"字标变调）：

阴平前：

一般（yìbān）　一边（yìbiān）　一端（yìduān）

阳平前：

一连（yìlián）　一同（yìtóng）　一行（yìxíng）

上声前：

一口（yìkǒu）　一览（yìlǎn）　一统（yìtǒng）

需要注意的是，当"一"作为序数表示"第一"时不变调。例如，"一楼"的"一"不变调，表示"第一楼"或"第一层楼"，此时的"一楼"读"yīlóu"；而变调则表示"全楼"，此时的"一楼"读"yìlóu"。又如，"一连"的"一"不变调表示"第一连"，此时的"一连"读"yīlián"；而变调则表示"全连"，此时的"一连"读"yìlián"。此外，"一连"作为副词时，其中的"一"也要变调，如"一连五天"（yìliánwǔtiān）。

2. "不"的变调

"不"的单字调是去声 51，在单念或处在词句末尾时不变调。"不"只有一种变调，即在去声音节前，调值变为35，跟阳平的调值一样。例如（以下"不"字标变调）：

不必（búbì）　不错（búcuò）　不定（búdìng）

不要（búyào）　不变（búbiàn）　不但（búdàn）

同步案例

竹竿和猪肝

新上任的知县因为要挂蚊帐，便对师爷说："你去市场给我买两根竹竿来。"师爷将"竹竿"听成了"猪肝"，连忙答应了。

师爷急急忙忙地跑到肉店，对店主说："新来的县太爷要买两个猪肝，你是明白人，心里应该有数吧？"店主是个聪明人，一听就懂，马上割了两个猪肝，还奉送了一对猪耳朵。

离开肉店后，师爷心想："老爷叫我买的是猪肝，这猪耳朵当然是我的了……"于是，他将猪耳朵包好，塞进口袋里。回到县衙，他向知县禀道："回禀大人，猪肝买来了！"

知县见师爷买回的是猪肝，生气地说道："你的耳朵哪里去了？"师爷一听，吓得面如土色，慌忙答道："耳……耳朵……在我……我的口袋里！"

三、发音训练

每个人的声音各不相同，既受先天因素的制约，又受后天因素的影响。通过科学、规范的发音训练，掌握发音技巧，改善发音条件，可以使自己的声音更加悦耳动听。

（一）呼吸训练

气息是发音的基础。要想控制好气息，就要协调好说话和呼吸的关系。具体而言，在说话时应注意以下事项：

（1）尽可能保持轻松的心态，吸气应迅速，并吸入适中的气量，呼气应缓慢、均匀。

（2）尽可能在说话过程中的自然停顿处换气，不要等说完一个长句后才急促地呼吸，以免显得说话吃力。

（3）尽可能保持有利于呼吸的姿态。无论是站着说话还是坐着说话，都应抬头、舒肩、展背，同时稍微前倾胸部，自然内收小腹，双脚并立。

此外，可通过以下方式进行呼吸训练，提高控制气息的能力：

（1）闻花香（见图 3-1）。面对花朵，深深地吸进其香气，一会儿后缓缓吐出。

图 3-1　闻花香

（2）吹蜡烛。模拟吹灭蜡烛的动作，深吸一口气后均匀、缓慢地吐出，尽可能使呼气时间长一点，达到 25～30 秒为合格。

（3）通过牙缝出气。咬住牙齿，深吸一口气后，从牙缝中发出"呲——"声，力求声音平稳、持久。

（4）练习绕口令。锻炼一口气说完一段绕口令的能力。刚开始练习时，可以在中间部分适当换气；练到能够控制气息时，逐渐减少换气次数，直到能够一口气说完一段绕口令。

探索与交流

学生先从下列绕口令中任选其一进行练习，然后教师挑选几名学生在课堂上读绕口令，并对学生的朗读情况进行点评。

绕口令一：出东门，过大桥，大桥底下一树枣儿，拿着竿子去打枣，青的多，红的少。一个枣儿，两个枣儿，三个枣儿，四个枣儿，五个枣儿，六个枣儿，七个枣儿，八个枣儿，九个枣儿，十个枣儿……

绕口令二：一，一个一，一二三三二一，一二三四五六七，七六五四三二一，六五四，三二一，五四三二一，四三二一三二一，二一一，一，一个一。一棵树，长着七个枝，七个枝，结的七样果，结的是，苹果，葡萄，石榴，柿子，李子，栗子，梨。

绕口令三：哥哥弟弟坡前坐，坡上卧着一只鹅，坡下流着一条河。哥哥说，宽宽的河；弟弟说，白白的鹅。鹅要过河，河要渡鹅。不知是鹅过河，还是河渡鹅。

（二）声带训练

人的声音是气流冲击声带，由声带振动而产生的。声带对声音的影响很大，声带的振动频率决定了声音的音调。一个人的声带即便受到先天因素的制约，通过后天的训练也能够得到改变。训练声带的基本方式是清晨在空气清新处“吊嗓子”，具体做法是先吸足一口气，放松身体，张开嘴巴，然后由低音到高音发出“啊——”或“咿——”声。

（三）共鸣训练

声带所产生的声音音量较小，只占人们说话时音量的5%左右，其余95%的音量需要通过共鸣器官来获得。运用共鸣器官的关键在于处理好“畅”与“阻”的对立与统一关系。所谓“畅”，是指发音时，气流通道保持畅通无阻，胸部舒展自如，喉部放松滑润，背部自然伸直。所谓“阻”，是指不让声音直接通过气流通道奔涌出来，而是通过共鸣器官对其进行加工，让其变得洪亮、圆润、雄浑。

具体而言，可通过以下方式进行共鸣训练：

（1）放松喉头，哼唱歌曲。

（2）模拟鸭叫。挺软腭，使口腔张开成圆筒状，边发出“嘎嘎”音，边仔细体会。一般而言，共鸣器官如果运用得好，发出的“嘎嘎”音则自然、好听；反之，则刺耳、难听。

（3）做扩胸运动，同时发出尽量高亢或低沉的声音。

（四）吐字归音训练

掌握吐字归音的要领是说好普通话的一项重要基本功。在普通话中，吐字归音的基本要求是字正腔圆，具体应做到字音准确、清晰、圆润、流畅。

（1）准确：指声母、韵母和声调要准确。

（2）清晰：指声母、韵母和声调不得含糊，唇、齿、舌、喉的活动要协调，不可出现“吃字”（即省略某个音节）现象。

（3）圆润：指字音饱满、动听。

（4）流畅：指字音轻快连贯，切勿一个字一个字往外蹦。

要想说话字正腔圆，就要训练吐字器官。在所有吐字器官中，舌和唇的作用最大。具体而言，可通过以下方式训练舌和唇。

1. 训练舌的方式

普通话语音多形成于舌的前部和中部，因此应特别加强对舌前部和舌中部的训练，使之灵活、有力。发音时，舌要有向前伸的感觉，而不能向后缩，舌前部和舌中部要能灵活地收拢、上挺，力量要集中在舌的中纵线上（见图 3-2）。

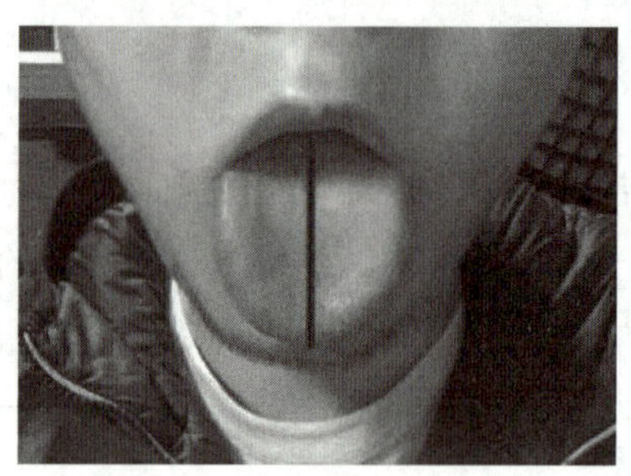

图 3-2　舌的中纵线

为增强舌的力量和灵活性，可做如下练习：

（1）做舌部操。主要动作有：① 弹舌，上翘舌尖，用舌尖的一角快速、反复地弹上齿下缘；② 刮舌，将舌尖放在下齿背，同时使舌前部接触上齿，然后逐渐挺起舌前部，以撑开口腔，接下来将上齿沿舌的中纵线从前往后刮动；③ 卷舌，将舌伸出唇外，使舌前端呈尖形，然后向上卷回；④ 立舌，略张唇，使舌在口腔内向左边立起，再向右边立起；⑤ 转舌，闭唇，将舌尖置于齿外唇内，然后在唇内齿外转动舌尖。

（2）用短促、有力的声音反复练习 de、te、ne、le 等单音节。

（3）练习绕口令，提高控制舌的能力。

探索与交流

学生先从下列训练舌头的绕口令中任选其一进行练习，然后教师挑选几名学生在课堂上读绕口令，并对学生的朗读情况进行点评。

绕口令一： 石小四和史肖石，石小四，史肖石，一同来到阅览室。石小四年十四，史肖石年四十。年十四的石小四爱看诗词，年四十的史肖石爱看报纸。年四十的史肖石发现了好诗词，忙递给年十四的石小四。年十四的石小四见了好报纸，忙递给年四十的史肖石。

绕口令二： 吃葡萄不吐葡萄皮儿，不吃葡萄倒吐葡萄皮儿。

绕口令三： 一班有个黄贺，二班有个王克，黄贺、王克二人搞创作，黄贺搞木刻，王克写诗歌。黄贺帮助王克写诗歌，王克帮助黄贺搞木刻。由于二人搞协作，黄贺完成了木刻，王克写好了诗歌。

绕口令四： 粉红墙上画凤凰，凤凰画在粉红墙。红凤凰、粉凤凰，粉红凤凰、花凤凰。红凤凰，黄凤凰，红粉凤凰，粉红凤凰，花粉花凤凰。

绕口令五： 天上有个日头，地上有块石头，嘴里有个舌头，手上有五个手指头。不管是天上的热日头，地上的硬石头，嘴里的软舌头，手上的手指头，还是热日头，硬石头，软舌头，手指头，反正都是练舌头。

绕口令六： 你会炖炖冻豆腐，你来炖我的炖冻豆腐；你不会炖炖冻豆腐，别胡炖乱炖炖坏了我的炖冻豆腐。

绕口令七： 梁上两对倒吊鸟，泥里两对鸟倒吊。可怜梁上的两对倒吊鸟，惦着泥里的两对鸟倒吊，可怜泥里的两对鸟倒吊，也惦着梁上的两对倒吊鸟。

绕口令八： 老方扛着黄幌子，老黄扛着方幌子。老方要拿老黄的方幌子，老黄要拿老方的黄幌子，老方老黄不相让。方幌子碰破了黄幌子，黄幌子碰破了方幌子。

绕口令九： 八百标兵奔北坡，炮兵并排北边跑。炮兵怕把标兵碰，标兵怕碰炮兵炮。八了百了标了兵了奔了北了坡，炮了兵了并了排了北了边了跑。炮了兵了怕了把了标了兵了碰，标了兵了怕了碰了炮了兵了炮。

2．训练唇的方式

在发音时，如果唇的力量不足，会使发出来的声音散漫、无力，唇形不正确还会使字音出错，影响语义。为了保证字音准确、清晰，在发音时，唇的撮、展要非常灵活，唇的活动幅度不能过大，唇的力量要集中在上唇的中段，同时，做到口型自然、美观。

为增强唇的力量和灵活性，可做如下练习：

（1）撮唇。开小口，轻提颧肌，将双唇向前撅起，再展开，如此反复。

（2）转唇。双唇闭合后翘起，将其沿上、左、下、右方向转动，再向反方向转动，如此反复。

（3）打响双唇。闭口，提颧肌，使上唇向中间缩，让力量集中于上唇中部，然后反复发声母 b、p 的音。

（4）用短促、有力的声音反复练习 ba、pa、ma、fa 等带双唇音的单音节。

同步案例

因普通话不标准而引发的误会

“那里的工作人员有时说普通话，有时说方言，说他们忙得很，要筹备即将召开的什么明星大会。这是典型的不作为……”季女士通过电话咨询某地的市场监督管理局时，对该局工作人员所说的话感到不满，随后向信访局进行了投诉。

经调查，该局的工作人员在回答季女士的电话咨询时，由于普通话不标准，让外省的季女士将“筹备民营经济大会”误听为“筹备明星大会”，进而使季女士误会该局不作为。经过沟通，季女士已消除误会，该局也表示将加强工作人员的普通话培训。

班级__________ 姓名__________ 学号__________

任务实施——朗诵比赛

1. 任务描述

扫描二维码，从其中几篇文章中任选其一进行阅读练习，然后将该文章作为朗诵内容参加朗诵比赛。

2. 任务目的

（1）熟悉声音“美”的基本标准。

（2）遵守语音规范。

（3）能够正确进行呼吸训练、声带训练、共鸣训练和吐字归音训练。

朗诵比赛选文

3. 寻找伙伴

选择相同文章的学生自动成为一组，从中选出组长，由组长进行任务分工，然后将相关信息填入表 3-1 中。

表 3-1 小组成员及分工情况

班级		文章		指导教师	
小组成员	姓名	学号	任务分工		
组长					
组员					

4. 知识储备

在朗诵文章前，需要回答以下问题。

问题 1：声音“美”的基本标准有哪些？

问题 2：说好普通话需要重点掌握哪些语音规范？

问题 3：发音训练的方式有哪些？

班级____________ 姓名____________ 学号____________

5. 模拟练习

（1）根据所选文章的特点进行朗诵练习，并将朗诵该文章时需要注意的事项填入表 3-2 中。

（2）在组内进行朗诵比赛。

（3）组内成员就声母、韵母、声调、变调、停连、语调及流畅程度等相互点评。

（4）将他人对自己朗诵情况的评价填入表 3-2 中，并根据该评价制订提高自己的朗诵能力的措施。

表 3-2 模拟练习记录表

项目	具体内容
朗诵所选文章时需要注意的事项	
他人对自己朗诵情况的评价	
提高朗诵能力的措施	

6. 朗诵比赛与考核评价

进行朗诵比赛，教师根据每名学生的朗诵情况和表 3-3 中的内容进行评价。

表 3-3 考核评价表

项目	评价内容	分值	教师评分
专业能力	理解本任务重要知识点	20	
	声音悦耳动听	25	
	朗诵的整体效果好	25	
职业素养	普通话流利、规范	15	
	语言组织能力强，字迹工整，书面整洁	15	
合 计		100	
综合评语		教师（签名）：	

任务二　增强口语表达能力

案例导入

这天，小于正在专心致志地看书，突然，在客厅看新闻的妈妈大喊：“快来看呀，100岁的人居然还能造出卫星！”

小于很好奇，马上跑过去。妈妈指着手机说：“这个人可真厉害啊！我才四十几岁，脑子就有点不好使了。”小于有点不相信，仔细盯着手机屏幕看了下，只见新闻标题写着：“100岁的人造卫星。”

小于不禁笑出了声，这分明是“人造卫星100岁了”的意思，哪里是“100岁的人造出了卫星”的意思。原来，妈妈在读新闻标题时出现了停顿错误，在“人”和“造”之间加了停顿，使新闻标题成了“100岁的人，造卫星”。

请思考：

（1）在工作中需要增强口语表达能力吗？为什么？

（2）口语表达的基本要求和基本技巧有哪些？

相关知识

口语表达能力是现代人才必备的能力之一。在现代社会，由于经济迅猛发展，人们的交往日益频繁，口语表达能力的重要性也日益凸显。面对日新月异的社会环境，职场人士不仅要有新颖的思想和独特的见解，还要能在他人面前将其很好地表达出来；不仅要用自己的行为为社会做贡献，还要用自己的话语去感染、说服他人为社会做贡献。

一、口语表达的基本要求

（一）通俗易懂

口语表达要适合一般人的理解水平，让人一听就懂。如果一个人所说的话超出了听者所能理解的范围，那么，无论对于这个人本身还是听者来说，都是一种折磨。解决这一问题的最好方法就是用通俗易懂的语言表达自己的意思。例如，涉及某些专业问题时，如果听者不是该专业的专家或学者，说话者就应使用浅显、朴实的语言讲述，尽量少用专业术语。

（二）目的明确

口语表达的根本目的在于使听者领会和理解说话者所表达的意思，从而起到交流沟通的作用。因此，想要听者听到什么是说话者必须认真考虑的首要问题。不管与谁对话，说话者都应时刻牢记对话的目的，该目的可以是陈述一个事实，说明一种情况，宣传一个主张，提出一种想法……

（三）清晰简洁

说话者一遇到紧急情况就语无伦次或者反复不停地说某件原本很简单的事情，就会让听者一头雾水，甚至心生厌恶，不想继续听下去。为了避免出现这种情况，说话者应使用清晰简洁的语言，做到长话短说，急话慢说。

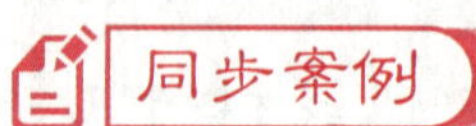

长篇大论造成损失

某个星期日，一位作家去参加一场慈善活动。活动开始不久，主持人便用令人哀怜的语气讲述农村留守儿童苦难的生活。

当他讲了五分钟后，该作家决定向那些儿童捐赠500元。当他讲了十分钟后，该作家决定将捐赠金额减到200元。当他讲了半个小时后，该作家又决定将捐赠金额减到100元。当他滔滔不绝地讲了一个小时，拿起募捐箱（见图3-3）向在场人员哀求捐赠时，该作家只捐赠了50元。

图3-3　募捐箱

这个幽默的故事启示人们，说话时重复啰唆、长篇大论容易引起听者的反感，从而造成不好的结果。言不在多，达意则灵。

（四）生动活泼

没有人会对一成不变、单调呆板、平淡无味的话语保持浓厚的兴趣。说话者应在遣词造句上下功夫，使自己的语言富于变化，不断给听者带来新鲜感，从而增强语言的感染力与说服力。

（五）注意场合

口语表达受制于一定的交际环境。不注意场合，随心所欲，想到什么说什么，这是口语表达能力较差的表现。说话者应做到话循境发，在不同场合采用不同的语言表达方式。

在轻松的场合，语言表达要轻松；在严肃的场合，语言表达要严肃；在喜庆的场合，语言表达要喜庆；在悲哀的场合，语言表达要悲哀……

（六）情感真挚

语言既能表达思想，也能表达相应的情感。说话者的情感直接影响说话的效果和听者的理解。说话者只有情感真挚，才能让听者产生心灵共鸣，缩短彼此的心理距离，使对方更好地理解自己的本意与情感。

探索与交流

小胡和小陈是同事，平时关系不错，两人在一起时总爱开玩笑。有一次，小陈生病住院了，小胡去看望他。一见面，小胡就说："平时，我去健身房锻炼身体时总叫你一起去，可你就是不去。就你这体质，我看这次要玩儿完了！"话音刚落，小陈脸色煞白，十分生气地说道："你说什么呢？"然后，他就将小胡赶了出去。

2人一组，讨论在上述情景中，小胡违背了口语表达的哪些基本要求。

二、口语表达的基本技巧

同样一句话，由于语气、音高、重音、停顿或语速的不同，会表现出不同的语义与情感。职场人士应灵活运用各种口语表达技巧，在准确表达意思的基础上，增强语言的情感色彩，使语言更富表现力和感染力。

（一）语气运用技巧

语气是指在特定思想情感的支配下，说话时流露出来的情感色彩。其中，"语"是指通过声音表现出来的话语，"气"是指说话时的气息状态。

在口语表达中，语气是丰富多彩的。一般而言，语气的运用技巧为：喜则气满声高，悲则气沉声缓，爱则气徐声柔，憎则气促声硬，急则气短声促，冷则气少声平，惧则气提声抖，怒则气粗声重，疑则气细声黏，静则气舒声平。

同步案例

不同语气所表达的情感

有一次，一位文学大师在台下观看自己创作的历史剧的演出时，他听到女主角痛斥男主角："宋玉，我特别恨你，你辜负了先生的教导，你是没有骨气的文人。"这位文学大师觉得"你是没有骨气的文人"这句话，骂得还不够分量，于是想修改台词。

待演出结束后，他走到后台，与扮演女主角的演员商量："你看，在'没有骨气的’后面加上‘无耻的’三个字，情感会不会更强烈些？”这时，正在一旁卸妆的男演员灵机一动，插了话：“不如把‘你是’改为‘你这’，‘你这没有骨气的文人’，这就够味儿了。”文学大师拍手叫绝，连称：“好！好！这一字之改，不仅使原来的陈述句变为态度坚决的判断句，而且语句具有强烈的情感色彩，女主角的愤怒之情溢于言表！”

（二）音高运用技巧

音高是指听觉可分辨的声音高低。在口语表达中，音高的变化有区别语义的作用。一般而言，语句的音高有降调、升调、平调和曲折调四种类型，其特点和运用技巧具体如下：

（1）降调，呈现出语句开头音高高、句尾明显降低的特点。多用于一般陈述句、祈使句、感叹句中，用来表达肯定、赞美、祝愿、请求、劝阻、允许、感叹等情感。

（2）升调，呈现出语句开头音高低、句尾明显升高的特点。多用于一般疑问句、反问句中，用来表达怀疑、反诘、号召、命令、惊讶等情感。

（3）平调，呈现出语句音高变化总体不明显的特点。多用于叙述说明、宣读名单、公布成绩、追忆、悼念、思索等情景中。

（4）曲折调，呈现出语句音高曲折变化的特点。多用于表达特殊情感（如讥笑、讽刺、夸张、强调、惊奇等）的语句中。

探索与交流

学生先根据下列语句末尾括号内的情感要求，判断各语句适合的音高，教师挑选几名学生在课堂上朗读下列语句，并对学生的朗读情况进行点评。

（1）这一切，都是原始生命得以产生和发展的必要条件。（叙述说明）

（2）你就别说了！（请求）

（3）这个问题，我再想想。（思索、迟疑）

（4）你好，你比谁都好。（讽刺）

（5）什么？他来啦？啊？会有这种事？（惊奇）

（6）大家都赶快行动起来吧！（号召）

（7）你不怕丢脸？（反诘）

（8）都别动！（命令）

（三）重音运用技巧

重音是指在语句中重读的音。重音可分为语法重音、对比重音和强调重音三种类型。其中，强调重音是需要重点掌握的。

强调重音是指说话时为了突出主题、表达思想、抒发特殊情感而对语句中的某些词语进行重读的音。强调重音在语句中并没有固定的位置，其位置完全根据实际需要而定。对

于同样的一句话，说话者将重音放在不同的位置上，所表达的意思是不同的。例如（强调重音用“.”标出，表达的语义在句末括号内标出）：

（1）这是你的书？这是我的书。（那本不是）

（2）这是不是你的书？这是我的书。（的确是）

（3）这是谁的书？这是我的书。（不是他人的）

（4）这是你的什么？这是我的书。（不是其他东西）

探索与交流

当下面这句话表达不同意思（标在句末括号内）时，应分别将重音放在哪里？

（1）我知道你爱看小说。（别以为我不知道）

（2）我知道你爱看小说。（爱不爱看诗歌我不知道）

（3）我知道你爱看小说。（爱看小说的是你，不是他人）

（四）停顿运用技巧

停顿是指说话时语音上出现的短暂中断。停顿可分为换气停顿、语法停顿和强调停顿三种类型，其含义和运用技巧具体如下。

1. 换气停顿

正常情况下，人大约 4～5 秒呼吸一次，由于换气的需要，在说话过程中必然会有停顿，这种停顿便是换气停顿。对于一些长句，中间没有标点符号，而一口气又无法说完，这时就必须酌情进行换气停顿。适当的换气停顿能够增强语言的清晰度和表现力。但要注意，换气停顿不能妨碍语义表达，且不能割裂语法结构。

2. 语法停顿

说话者根据语句的语法结构所做的停顿便是语法停顿。凡有标点符号的地方，都应有适当的停顿。通常情况下，各种点号表示的停顿由长到短为：句号=问号=叹号>冒号（指涵盖范围为一句话的冒号）>分号>逗号>顿号。例如，在下面这段话中，凡是标有标点符号的地方，朗读时都必须停顿，而且要根据不同的标点符号，停顿不同时间，其中，第一个“/”后的停顿时间比第二个“/”后的长。

“正像达尔文发现有机界发展规律一样，马克思发现了人类历史发展规律，即历来为纷繁芜杂的意识形态所掩盖的一个简单事实：/人们首先必须吃、喝、住、穿，/然后才能从事政治、科学、艺术、宗教等。”

3. 强调停顿

某些语句在书面上没有标点符号，说话者在生理上也可不做换气停顿，但是为了强调某一事物、突出某种语义或表达某种特殊情感，说话者在读这些语句时也会进行停顿，这种停顿便是强调停顿。强调停顿没有固定的模式，既可以出现在语句开头，也可以出现在语句中间或结尾；既可以持续几秒，也可以持续几十秒，甚至几分钟。这种停顿需要说话者根据想要表达的意思和情感自行把握。

停顿不当引起的误会

一个人在沙漠里快要饿死了，这时他捡到了一盏神灯。

神灯说："我只可以实现你一个愿望，快说吧，我还要赶时间。"

那个人说："我要老婆……"

神灯立即变出一个美女，然后不屑地说道："都快饿死了，还贪图美色，可恶！"说完就消失了。

那个人已气若游丝："饼……"

（五）语速运用技巧

语速是指说话的速度，即单位时间里发出音节的数量。不同的语速可以表达不同的情感。语速的运用技巧具体如下：

（1）当表达紧张、激动、惊奇、恐惧、愤怒、急切、欢快、兴奋的情感，或叙述急剧变化的事物与惊险的事件时，适合使用较快的语速。语速较快时，要特别注意做到吐字清晰，不能为了说得快而语言含糊不清，甚至出现"吃字"现象。

（2）当叙述情感变化不大的事件或正常交流时，适合使用中等的语速。

（3）当表达沉重、悲伤、忧郁、哀痛的情感或叙述庄严肃穆的事件时，适合使用较慢的语速。语速较慢时，要特别注意声音的明朗程度，不能为了说得慢而使声音显得虚弱、无力。

小贴士

普通话的正常语速大致为每分钟 150～300 个音节。

班级__________ 姓名__________ 学号__________

任务实施——口语表达训练

1. 任务描述

从以下三个主题中任选其一，然后根据所选主题设计具体情景，并将情景模拟出来。

主题一：以推销员的身份，向潜在顾客推销某款洗发水，注意符合口语表达的基本要求。

主题二：以导游的身份，说出欢迎词和欢送词，注意保持声音洪亮，普通话标准，语气柔和、语速适中。

主题三：以访谈节目主持人的身份，与农村留守儿童沟通，注意情感真挚、以情动人。

2. 任务目的

（1）熟悉口语表达的基本要求。

（2）掌握口语表达的基本技巧。

3. 寻找伙伴

选择相同主题的学生自动成为一组，从中选出组长，由组长进行任务分工，然后将相关信息填入表3-4中。

表3-4 小组成员及分工情况

<table>
<tr><td>班级</td><td></td><td>主题</td><td></td><td>指导教师</td><td></td></tr>
<tr><td>小组成员</td><td>姓名</td><td>学号</td><td colspan="3">任务分工</td></tr>
<tr><td>组长</td><td></td><td></td><td colspan="3"></td></tr>
<tr><td rowspan="4">组员</td><td></td><td></td><td colspan="3"></td></tr>
<tr><td></td><td></td><td colspan="3"></td></tr>
<tr><td></td><td></td><td colspan="3"></td></tr>
<tr><td></td><td></td><td colspan="3"></td></tr>
</table>

4. 知识储备

在进行情景模拟前，需要回答以下问题。

问题1：口语表达的基本要求有哪些？

问题2：口语表达的基本技巧有哪些？

班级＿＿＿＿＿＿　姓名＿＿＿＿＿＿　学号＿＿＿＿＿＿

5．模拟练习

（1）根据所选主题设计具体的情景，然后将具体内容填入表 3-5 中：若选择主题一，则要设计推销员与顾客之间的对话；若选择主题二，则要设计导游的欢迎词和欢送词；若选择主题三，则要设计访谈问题。

（2）在组内进行情景模拟。

（3）组内成员就情景模拟过程中的口语表达情况相互点评。

（4）将他人对自己口语表达情况的评价填入表 3-5 中，并根据该评价制订提高自己的口语表达能力的措施。

表 3-5　模拟练习记录表

项目	具体内容
所选主题的具体情景及对话、欢迎词和欢送词、访谈的问题	
他人对自己口语表达情况的评价	
提高口语表达能力的措施	

6．情景模拟与考核评价

进行情景模拟，教师根据每名学生的口语表达情况和表 3-6 中的内容进行评价。

表 3-6　考核评价表

项目	评价内容	分值	教师评分
专业能力	理解本任务重要知识点	20	
	符合口语表达的基本要求，口语表达技巧运用娴熟	25	
	情景模拟的整体效果好	25	
职业素养	普通话流利、规范	15	
	语言组织能力强，字迹工整，书面整洁	15	
合　计		100	
综合评语		教师（签名）：	

学习成果自测

1. 填空题

（1）普通话共有________、________、________和________等四个声调。

（2）在普通话中，吐字归音的基本要求是字正腔圆，具体应做到字音________、________、________、________。

（3）重音可分为________、________和________三种类型。

2. 单项选择题

（1）在语句的音高中，（　　）呈现出语句开头音高高、句尾明显降低的特点。

A．降调　　B．升调

C．平调　　D．曲折调

（2）正常情况下，人大约 4～5 秒呼吸一次，由于换气的需要，在说话过程中必然会有停顿，这种停顿便是（　　）。

A．换气停顿　　B．语法停顿

C．强调停顿　　D．重音停顿

（3）当表达紧张、激动、惊奇、恐惧、愤怒、急切、欢快、兴奋的情感，或叙述急剧变化的事物与惊险的事件时，适合使用（　　）的语速。

A．较慢　　B．中等

C．较快　　D．极慢

3. 案例分析题

有一次，一位诗人与一位剧作家聊天。剧作家问诗人：“你可知道，‘审美主体对作为审美客体的植物生殖器官的外缘进行感知而产生生理上并使之上升为精神上的愉悦感’是什么意思？”诗人听后，当即回答：“不知道。”接着，剧作家笑了笑，解释道：“闻到花香很愉快，就是这个意思。”诗人听后，只觉得十分无趣。

请问在上述情景中，剧作家违背了口语表达的哪些要求？

学习成果评价

请进行学习成果评价，并将评价结果填入表 3-7。

表 3-7　学习成果评价表

班级		姓名		学号	
评价项目	评价内容	分值	评分		
			自我评分	教师评分	
知识 40%	声音“美”的基本标准	8			
	语音规范	8			
	发音训练的方式	8			
	口语表达的基本要求	8			
	口语表达的基本技巧	8			
技能 40%	能规范运用普通话	10			
	能正确训练发音	10			
	能灵活运用口语表达的基本技巧	20			
素养 20%	积极参加教学活动，遵守课堂纪律	5			
	具备良好的学习态度	5			
	认真完成任务实施	5			
	主动与他人合作与沟通	5			
合　计		100			
总分（自我评分×40%+教师评分×60%）					
自我评价					
教师评价					

项目四

沟通技巧

项目引言

一人之辩，重于九鼎之宝；三寸之舌，强于百万雄师。会说话不仅能够体现一个人的交际水平，还能够直接反映其工作能力和内在修养。职场人士应掌握沟通技巧，练就会说话的真本领，发出令人心服口服的“好声音”。

本项目将围绕交谈的技巧、提问与回答的技巧、谈判的技巧和说服与拒绝的技巧，介绍与沟通有关的知识。

知识目标

- 学会灵活运用交谈的技巧。
- 学会灵活运用提问与回答的技巧。
- 学会灵活运用谈判的技巧。
- 学会灵活运用说服与拒绝的技巧。

素质目标

- 通过学习“晏子使楚”这一案例，感受交谈的魅力，努力培养口才。
- 通过学习“触龙说服赵太后”这一案例，感悟我国古代先民的语言交际智慧，努力增强口语表达涵养，做到说话有理有据有礼有情。

任务一　掌握交谈的技巧

案例导入

某场婚宴上，来宾济济，争相祝福新人。一位先生激动地对新人说道："恭喜你们步入了婚姻的漫漫旅途。感情的世界时常需要润滑，你俩就好比两台旧机器……"其实他本想说"新机器"的，结果却说错了。此言一出，这对新人的不满之意溢于言表。因为他们都曾离异过，以为这位先生的话暗含讥讽之意。

这位先生的本意是要将这对新人比作新机器，希望他们在以后的生活中能少些摩擦，多些谅解。但话已出口，若再改正过来，反而让人觉得此地无银三百两。他镇定下来，略一思索，不慌不忙地补充了一句："已过磨合期。"继而，他又饱含热情地对新人说道："祝福你们永浴爱河！"话音未落，这对新人早已笑容满面。

资料来源：张岩松. 职业形象设计 [M]. 北京：清华大学出版社，2019.

请思考：

（1）与人交谈时，应注意哪些事项？

（2）弥补言语失误的技巧有哪些？上述案例中的那位先生运用了哪种技巧？

相关知识

交谈（见图 4-1）是人与人之间传递信息、沟通思想、开展工作、建立友谊、增进了解的重要形式。没有交谈，人与人之间几乎不可能进行真正意义上的沟通。此外，在交谈过程中，人们还能展现自己的学识、才智等，从而在交谈对象心中树立一定的言谈形象。得体的言谈形象既能反映一个人的内在修养，又能彰显一个人的人格魅力，职场人士应掌握交谈的技巧。

具体而言，与人交谈时，应使用礼貌用语，慎重选择话题，耐心倾听，并及时弥补言语失误。

图 4-1　交谈

一、使用礼貌用语

日常礼貌用语主要可分为以下几类：

（1）问候语。在与他人相见时，人们一般使用问候语向对方致意。常用的问候语有“您好”“早上好”“好久不见”等。

（2）欢迎语。人们常常在问候对方后使用欢迎语，如“欢迎您”“见到您很高兴”“欢迎光临”等。

常用的礼貌用语

（3）回敬语。人们常常在接受对方的问候、欢迎、鼓励或祝贺时，使用回敬语以表示感谢。在人际沟通中，回敬语的使用频率较高，使用范围较广。常用的回敬语有“谢谢”“多谢”“非常感谢”“麻烦您了”“让您费心了”等。

（4）致歉语。人们常常在给对方带来了麻烦，使对方蒙受损失，或者未能满足对方的要求时，使用致歉语。常用的致歉语有“抱歉”“对不起”“请原谅”“不好意思”“打扰您了”等。

（5）道别语。人们常常在交谈结束时使用道别语。常用的道别语有“请慢走”“保重”“欢迎再来”等。

需要注意的是，职场人士不仅要掌握礼貌用语，还要能够根据交谈对象、交谈情景等的不同，灵活、恰当地使用礼貌用语。

同步案例

重复的问候语

某天中午，一位入住某酒店的客人去餐厅用餐。当他走出电梯时，站在电梯口的女服务员很有礼貌地向他点头，并说道："您好，先生！"他微笑着回答道："中午好，小姐！"

当他走进餐厅后，餐厅服务员说道："您好，先生！"他微笑着点了一下头，没有说话。吃完午饭后，他想到酒店外的公园散步。当他走出酒店大门时，迎宾员又是同样的一句话："您好，先生！"此时，他已经有点反感了。

谁知回房间时，他在电梯口又碰见了之前的那名女服务员。她又是一声："您好，先生！"这时，这位客人忍不住开口道："难道你们酒店就不能用其他的话向客人打招呼吗？"

二、慎重选择话题

话题是指谈话的主题。在人际沟通中，选择恰当的话题能够使交谈有一个良好的开端，并使其顺利进行。

（一）宜谈的话题

以下几种话题都是宜谈的话题：

（1）既定的话题：交谈双方已经约定，或者其中一方已经准备好的话题，如讨论问题、征求意见、传递信息、求人帮助等。

（2）擅长的话题：交谈双方，尤其是交谈对象有研究、感兴趣、值得谈论的话题。例如，与医生交谈，宜谈祛病之法；与学者交谈，宜谈治学之道；与作家交谈，宜谈文学创作。

小贴士

与人交谈时，特别忌讳"以己之长，攻人之短"。如果选择自己擅长而对方不擅长的话题，就会出现话不投机半句多的尴尬局面。

（3）轻松的话题：谈论起来令人身心放松、轻松愉快、不觉厌烦的话题，如体育比赛、名胜古迹（如故宫，见图 4-2）、风土人情、名人轶事、天气状况等。这种话题适合在非正式场合交谈，在谈论这种话题时，交谈双方通常可以各抒己见，随意发言。

图 4-2　故宫

（4）高雅的话题：内容健康、脱俗的话题，如文学、绘画、雕塑、建筑、音乐、舞蹈、戏剧、哲学、历史等。这种话题适合在各种场合交谈，在谈论这种话题时，切忌不懂装懂，或班门弄斧。

（5）时尚的话题：以此时、此刻、此地正在流行的事物作为谈论的主题，如流行服饰、流行妆容等。这种话题适合在各种场合交谈。

概括来讲，与人交谈时，应视交谈对象、交谈场合、交谈情景选择不同的话题。例如，与同事可谈双方共同感兴趣的话题，如谈工作等。又如，与初次见面的客人可谈天气、美食、娱乐、流行风尚等与生活紧密相关的大众话题。

（二）忌谈的话题

以下几种话题都是忌谈的话题：

忌谈的话题

（1）涉及个人隐私的话题。个人隐私是指不愿告诉人的或不愿公开的个人的事。若双方是初交，则在交谈时切忌谈论有关对方年龄、收入、家庭、健康等涉及个人隐私的话题。

（2）非议旁人的话题。俗话说，来说是非者，便是是非人。一个非议旁人的人，并不能说明自己待人诚恳，反倒证明其爱拨弄是非。因此，与人交谈时，切忌非议其他不在场之人。

（3）倾向错误的话题。与人交谈时，切忌谈论违法乱纪、违背社会伦理道德之类的话题。

（4）涉及政治或宗教信仰的话题。政治立场和宗教信仰都是敏感话题，谈论这种话题极易引起争执。

由于人们的职业、经历、受教育水平等各不相同，每个人熟悉或感兴趣的话题也有所不同。为了能够更好地与人交谈，在平时的学习与工作中，应注意不断拓宽自己的知识面，增加知识储备量。

探索与交流

按照惯例，财务部白经理每个月都会请下属吃一顿饭。这天下班前，白经理到休息室找员工小马，准备让他通知其他同事晚上去吃饭。

快到休息室时，白经理听到小马和销售部员工小邢在里面说话。

小邢对小马说："白经理对你们挺关心，我见她经常请你们吃饭。"

"得了吧，"小马不屑地说，"她只有这点笼络人心的本事，对于我们需要她帮忙解决的事情，她没办成一件。就拿上次公司办培训班这事来说，谁都知道如果能参加这个培训，工作能力会得到很大提高，升职的可能性也会大大增加。我们部门好几个人都想参加，但白经理一点儿都没察觉到，也没为我们积极争取，结果让其他部门抢了先。我真怀疑她有没有真正关心过我们！"

听见这话，白经理既生气又委屈。

2人一组，讨论以下问题：

（1）小马与小邢在交谈时犯了什么错误？

（2）如果你是小马，你会怎样向小邢讲述其他同事想参加却没能参加那次培训的事？

三、耐心倾听

与人交谈时，不仅要积极表达自己的意思，而且要耐心倾听对方的心声（见图4-3）。倾听是基本的沟通技巧之一，认真倾听他人的心声既能获取更多的信息，又能表示对他人的尊重，满足他人的心理需要，从而增进交谈双方之间的感情。

图4-3　耐心倾听对方的心声

在交谈中，一名合格的倾听者会做到以下几点：

（1）表情认真。目视对方，全神贯注。

（2）动作配合。用点头、微笑、鼓掌等动作表示支持或肯定（见图4-4）。即使不赞

同对方的话，也会保持尊重对方的态度。

图 4-4　用点头、微笑、鼓掌等动作表示支持或肯定

（3）语言配合。在对方说话的过程中，经常以“嗯”或“是”回应，表示自己在认真倾听。在对方希望得到支持时，以“对”“没错”“真是这么一回事”“我有同感”等回应。此外，还会重述对方的话，或适时提出问题，如“后来又怎么样呢”“既然如此，你以后打算怎么办？”等，以配合对方顺利完成叙述。

（4）保持耐心。当对方所说内容较多或言语不简洁时，会待其说完后，再发表自己的意见，不随意打断对方。

（5）控制情绪。即使听到过分的言语，也不嗔不怒。

同步案例

倾听的价值

小孙和小刘同时被聘为某公司的产品经理。两人才智相当，业务水平也难分高下，不同的是两人的处世态度。

每次讨论小刘设计的产品方案时，只要他人提出不同意见，小刘总是据理力争，常常说得他人无言以对。小孙的态度则正好相反。每次讨论他设计的产品方案时，大家都可以畅所欲言。当有人提出不同意见时，他都是一副洗耳恭听的姿态，并会认真记录他人的意见。

由于小孙能够博采众议，他修改后的产品方案总能获得大多数人的认可，而认可小刘的产品方案的人寥寥无几。两人的业绩差距越来越大，最终，小孙升任了主管，小刘至今还是一名小职员。

四、及时弥补言语失误

若在与人交谈的过程中出现言语失误，应及时弥补。弥补言语失误的技巧主要有以下几种。

（一）及时改口

俗话说，亡羊补牢，未为晚也。一个人不可能永远不说错话。说错话时，及时改口，才是明智之举。及时改口在一定程度上可避免当众丢丑，不失为弥补言语失误的有效手段。

（二）及时移植

及时移植是指将错话算在他人头上。例如，当发现自己说错话时，你可以接着说“这是某些人的观点，我认为正确的观点应是……”。

（三）及时引申

及时引申是指由错话迅速推衍出自己想要说的正确的话，以免与他人在错误中纠缠。例如，当发现自己说错话时，你可以接着说“然而正确的说法应是……”，或者“我刚才那句话还应做如下补充”。

（四）借题发挥

借题发挥是指在发现自己说错话并简单致歉后，有意借着错处和幽默风趣、机智灵活的言语来立即转移话题，改变交谈氛围，使听者随之进入新的情景中。

（五）将错就错

将错就错是指发现自己说错话后，用幽默、诙谐的方式巧妙地将错话接下去。这种弥补技巧的高妙之处在于能够让听者不自觉地改变原先的思路，并顺着说话者的思路而思考。

五、注意交谈的禁忌

与人交谈时，应注意以下禁忌：

（1）居高临下。无论资历多深、地位多高、能力多强，都应放下架子，平等地与人交谈，以免给人一种高高在上的感觉。

（2）自我炫耀。切忌炫耀自己的长处、成绩，更不能拐弯抹角地吹嘘自己，以免使人反感。

（3）一人独白。应多让他人发言，切忌自己侃侃而谈而不给他人开口的机会。

（4）心不在焉。应聚精会神，切忌左顾右盼、神情木然或面带倦意，以免使人感到扫兴。

（5）随意插嘴。应让他人将话说完，切忌随意打断他人。

（6）挖苦嘲弄。应尊重他人的人格，切忌嘲笑他人的错误，更不能将他人的生理缺陷当作笑料。

（7）搔首弄姿。应保持自然、得体的姿态，切忌指指点点、挤眉弄眼，更不能抠鼻

掏耳，以免给人一种轻浮或缺乏教养的感觉。

（8）心口不一。应坦诚地说出自己内心的想法，切忌一味附和、胡乱赞美或恭维他人，以免给人一种不真诚的感觉。

（9）故弄玄虚。切忌卖关子，也不能将普通的事情吹嘘得神乎其神，以免使人捉摸不透。

（10）与人抬杠。应允许他人表达意见，切忌强词夺理，固执己见。

大师风采

晏子使楚

春秋末期，齐国和楚国都是大国。

有一回，齐王派大夫晏子访问楚国。楚王仗着自己国势强盛，想乘机侮辱晏子，显显楚国的威风。

楚王知道晏子身材矮小，就叫人在城门旁边开了一个五尺来高的洞。晏子来到楚国，楚王叫人把城门关了，让晏子从这个洞进去。晏子看了看，对接待的人说："这是个狗洞，不是城门。只有访问'狗国'，才从狗洞进去。我在这儿等一会儿。你们先去问个明白，楚国到底是个什么样的国家？"接待的人立刻把晏子的话传给了楚王。楚王只好命令大开城门，迎接晏子。

晏子见了楚王。楚王瞅了他一眼，冷笑一声，说："难道齐国没有人了吗？"晏子严肃地回答："这是什么话？我国首都临淄住满了人。大伙儿把袖子举起来，就是一片云；大伙儿甩一把汗，就是一阵雨；街上的行人肩膀擦着肩膀，脚尖碰着脚跟。大王怎么说齐国没有人呢？"

楚王说："既然有这么多人，为什么打发你来呢？"晏子装作很为难的样子，说："您这一问，我实在不好回答。撒谎吧，怕犯了欺骗大王的罪；说实话吧，又怕大王生气。"楚王说："实话实说，我不生气。"晏子拱了拱手，说："敝国有个规矩：访问上等的国家，就派上等人去；访问下等的国家，就派下等人去。我最不中用，所以派到这儿来了。"说着他故意笑了笑，楚王只好陪着笑。

楚王安排酒席招待晏子。正当他们吃得高兴时，两个武士押着一个囚犯，从堂下走过。楚王看见了，问他们："那个囚犯犯的什么罪？他是哪里人？"武士回答说："犯了盗窃罪，是齐国人。"楚王笑嘻嘻地对晏子说："齐国人怎么这样没出息，干这种事？"楚国的大臣们听了，都得意扬扬地笑起来，以为这下会让晏子颜面尽失。

哪知晏子面不改色，站起来说："大王怎么不知道啊？淮南的柑橘，又大又甜。可是橘树一种到淮北，就只能结又小又苦的枳，还不是因为水土不同吗？同样的道理，齐国人在齐国能安居乐业，好好地劳动，一到楚国，就做起盗贼来了，也许是两国的水土不同吧。”楚王听了，只好赔不是，说：“我原来想取笑大夫，没想到反让大夫取笑了。”

自此之后，楚王不敢不尊重晏子了。

资料来源：https://so.gushiwen.cn/shiwenv_587c09fc01d2.aspx，有改动

班级__________ 姓名__________ 学号__________

任务实施——交谈情景模拟

1. 任务描述

在餐厅服务员、酒店大堂经理、空乘人员、教师、银行职员等职业中任选其一，根据所选职业的特点和要求，设定一个交谈情景，然后进行情景模拟。

2. 任务目的

（1）了解日常礼貌用语。

（2）熟悉宜谈和忌谈的话题。

（3）熟悉如何耐心地倾听他人的心声。

（4）掌握弥补言语失误的技巧和交谈的禁忌。

3. 寻找伙伴

寻找 3～5 名伙伴组成一个小组，从中选出组长，由组长进行任务分工，然后将相关信息填入表 4-1 中。

表 4-1 小组成员及分工情况

<table>
<tr><td>班级</td><td></td><td>职业</td><td></td><td>指导教师</td><td></td></tr>
<tr><td>小组成员</td><td>姓名</td><td>学号</td><td colspan="3">任务分工</td></tr>
<tr><td>组长</td><td></td><td></td><td colspan="3"></td></tr>
<tr><td rowspan="4">组员</td><td></td><td></td><td colspan="3"></td></tr>
<tr><td></td><td></td><td colspan="3"></td></tr>
<tr><td></td><td></td><td colspan="3"></td></tr>
<tr><td></td><td></td><td colspan="3"></td></tr>
</table>

4. 知识储备

在进行情景模拟前，需要回答以下问题。

问题 1：日常礼貌用语有哪些？

问题 2：与人交谈时，哪些是宜谈话题？哪些是忌谈话题？

问题 3：如何耐心地倾听他人的心声？

班级____________　姓名____________　学号____________

问题 4：弥补言语失误的技巧有哪些？

问题 5：交谈的禁忌有哪些？

5．模拟练习

（1）根据所选职业的特点和要求，设定一个交谈情景，并将其填入表 4-2 中。

（2）在组内进行情景模拟，并将自己在模拟过程中运用的交谈技巧填入表 4-2 中。

（3）组内成员就情景模拟过程中的交谈情况相互点评。

（4）将他人对自己交谈情况的评价填入表 4-2 中，并根据该评价改进自己的交谈方式。

表 4-2　模拟练习记录表

项目	具体内容
所设定的交谈情景	
自己在模拟过程中运用的交谈技巧	
他人对自己交谈情况的评价	

6．情景模拟与考核评价

进行情景模拟，教师根据每名学生在模拟过程中的表现和表 4-3 中的内容进行评价。

表 4-3　考核评价表

项目	评价内容	分值	教师评分
专业能力	理解本任务重要知识点	20	
	交谈技巧运用娴熟	25	
	情景模拟的整体效果好	25	
职业素养	普通话流利、规范	15	
	语言组织能力强，字迹工整，书面整洁	15	
合　计		100	
综合评语		教师（签名）：	

任务二　掌握提问与回答的技巧

案例导入

某电视台准备制作一档专门报道精神病患者康复情况的节目。在节目录制现场，主持人采访一位原是小学教师的女患者：“您什么时候得的这个病？”女患者十分敏感地反问：“什么病？”主持人随口答道：“就是精神病啊。”女患者立即起身离去，节目录制也被迫中止。

请思考：

（1）该主持人的提问和回答方式恰当吗？正确的做法是怎样的？

（2）提问和回答的技巧有哪些？

相关知识

提问（见图 4-5）是一种重要的收集信息的交谈方式。通过提问，可以将话题引向更深的层面，或者转移话题。问不问、问什么、怎么问，都直接影响着交谈的效果。回答是对提问者的回应，有效的回答建立在对提问者的观察和了解的基础之上。职场人士应掌握提问与回答的艺术，熟悉提问的原则，并熟练运用提问与回答的技巧。

图 4-5　提问

一、提问的步骤

提问前，首先应辨识提问对象，分辨提问场合，明确提问目的。在提问过程中，应采取多样化的提问方式并使用合适的提问语言。

（一）辨识提问对象

提问对象不同，所采取的提问方式也会不同。因此，在提问前，应准确识别提问对象的年龄、身份、职业、性格、受教育程度、文化背景等信息，然后据此确定采取哪种提问方式。例如，向寡言少语的人提问时，宜采取封闭式的提问方式；向能说会道的人提问时，宜采取开放式的提问方式。

小贴士

封闭式的提问方式是指提问时，向提问对象提供一个回答框架，让其在该框架内做出回答的提问方法。采用这种提问方法时，所提问题的答案是唯一的且会受到限制。例如，当提问者问“你喜欢你的工作吗？”时，提问对象会回答“喜欢”或“不喜欢”。

开放式的提问方式是指提问时，不向提问对象提供回答框架，而让其自由发挥。采用这种提问方法时，所提问题的答案是多样且没有限制的。例如，当提问者问“你喜欢什么样的工作？”时，提问对象可以做出各种回答。

（二）分辨提问场合

应注意分辨提问的场合。例如，在办公室里，当对方工作较忙时，不宜提琐碎、无聊的问题；当对方伤心失落时，不宜提太复杂或可能挑起对方不愉快情绪的问题。

（三）明确提问目的

应有明确的提问目的，这样可使提问变得更有效。为了寻找答案，为了引导提问对象对问题做进一步说明，或者引起提问对象的兴趣……这些都可成为提问目的。但是目的明确并不等于直截了当。在某些情况下，旁敲侧击地提问反而比直截了当效果更好。

（四）采取多样化的提问方式

为了提高交谈的质量和效率，提问时，应根据交谈内容、交谈目的、交谈环境等的变化，采取不同的提问方式，不应拘泥于单一的提问方式。

（五）使用合适的提问语言

提问时，应使用通俗易懂、简明扼要的语言，切忌拖泥带水，含糊其词。此外，在提问时，还应留有余地，以免伤害他人。具体而言，应注意以下三点：① 提问对象不能或不愿回答的问题少提；② 提问时不要故作高深，卖弄学问；③ 所提问题不要扰乱提问对象的思路。

探索与交流

临近教师节，一名实习记者被派往一所省级示范小学，采访在教育改革中做出突出贡献的周老师。该实习记者见面就问周老师："您是哪所大学毕业的呀？"周老师回答道："我没上过大学。如果你是来采访拥有高学历的教师，那你找错人了。不过，高学历的教师，我们学校有的是！"

听见这话，该实习记者感到有些尴尬。为了缓和气氛，他转移话题，又问道："您孩子多大了？该上初中了吧？"周老师脸一红，十分不高兴地说道："我还没结婚呢！"

2人一组，讨论该实习记者在本次采访中出现的问题，然后说出正确的做法。

二、提问的技巧

提问的技巧有很多，下面重点介绍其中最常用的几种技巧。

（一）直接式提问

直接式提问是指抓住核心问题，从正面直接提问，直截了当地表明提问目的，开门见山地提出问题。如果提问对象善于交谈、敏于思考，提问者可运用这种提问技巧。

运用该技巧时，应注意以下事项：① 提问前做好情感铺垫，使提问对象有充足的心理准备，以免其产生抵触心理；② 切忌过于直白，以免给人一种笨嘴拙舌的感觉。

（二）迂回式提问

迂回式提问是指先不直接提出想要问的问题，而是同提问对象聊一些看似无关紧要的事情，然后瞄准时机，提出自己真正想问的问题。当提问对象感到紧张或因有顾虑而不愿回答所提问题时，提问者可运用这种提问技巧。

运用该技巧时，应选择与自己真正想问的问题紧密相关的内容来与提问对象攀谈。

（三）限定式提问

限定式提问是指提问时，所提问题中有两个或多个可供选择的答案，而且这些答案都是肯定的。人们通常认为回答"不"比回答"是"更容易且更安全，这是一种普遍的心理。因此，在人际沟通中，若希望提问对象对所提问题做出肯定答复，则可运用限定式提问技巧。

探索与交流

小赵是一名推销员，想上门拜访一位潜在客户（见图 4-6），但不知对方会不会答应。于是，他准备先询问对方的意见。你认为以下两种询问方式中，哪种更合适？为什么？

（1）我可以在今天下午来见您吗？

（2）您看我是今天下午两点钟来见您，还是三点钟？

图 4-6 拜访潜在客户

（四）激将式提问

激将式提问是指以比较尖锐的问题适当地刺激提问对象，引起提问对象的重视，促使其心态由“要我回答”转变为“我要回答”。当提问对象因谦虚而不想回答、有顾虑而不愿回答或自恃地位高而不屑回答时，提问者可运用这种提问技巧。

运用该技巧时，应注意以下事项：① 考虑自己的身份是否适合运用该技巧；② 确保刺激的强度适中；③ 不要让提问对象识破自己的意图。

激将法的效果

有一次，一名客商带队去某工厂考察。

为了获得该厂安全生产方面的真实资料，客商一见到该厂领导就问：“记不清在哪里看到过，贵厂今年 2 月因安全措施落实不到位，一名工人触电身亡了。请问该消息是否属实？”该领导顿感震惊和委屈，忙说道：“我们厂？今年 2 月电死了人？不可能！”客商继续追问道：“为什么不可能？”

该领导激动地站起来，一边示意一旁的办公室主任打开文件柜，拿出安全生产记录递给记者；一边提高声音向客商讲述该厂抓安全生产的措施和经验。最终，双方签订了合作协议。

（五）诱导式提问

诱导式提问是指采用启发诱导的方式，引导提问对象有针对性地回答问题。当提问对象不愿回答、不会回答、不想主动回答时，可运用这种提问技巧。

运用该技巧时，应注意以下事项：① 提问前做好充分准备，使所提问题更有针对性；

② 通过一些具体事例引导提问对象做出更充分的回答；③ 正确把握启发诱导与强加于人之间的界限，确保所提问题的客观性。

提问的技巧丰富多样，在交谈中，既可以单独运用某一种提问技巧，也可以交叉运用多种提问技巧。只有根据交谈中的具体情况，灵活地运用这些技巧，才能获得理想的沟通效果。

三、回答的技巧

回答的技巧有很多，下面重点介绍其中最常用的几种技巧。

（一）答非所问

当不能不回答，但又不便直截了当地回答提问者的问题时，提问对象可运用答非所问这一技巧，避实就虚，以非实质性的话回答提问者。这样一来，提问对象表面上做了回答，实际上已经悄悄避开了原本棘手的问题。

同步案例

答非所问的作曲家

有一次，一位作曲家参加一位年轻钢琴家举办的演奏会。这位钢琴家为德国诗人席勒的《欢乐颂》谱了曲之后，特地举办了这场演奏会。

在演奏会上，作曲家聚精会神地欣赏着钢琴曲，显得十分陶醉，这让钢琴家万分高兴。演奏会一结束，钢琴家就问作曲家：“您是不是很喜欢这首曲子？”

作曲家笑着回答道：“这首《欢乐颂》果然是不朽的诗歌，情感真挚……”他答非所问，巧妙地避开了钢琴家的问题，委婉而有礼貌地表达了自己的真实想法。也就是说，他很欣赏《欢乐颂》这首诗歌，但并不觉得那位年轻钢琴家的谱曲水准有多高。

（二）无效回答

当提问者提出的问题很难回答，如果不予理睬或一律说“无可奉告”，既显得不够尊重对方，又可能使自己受窘时，提问对象可运用无效回答这一技巧，做出绝对正确但又毫无意义的回答。例如，当某个同事就其他两个同事之间的冲突询问你的意见，而你不想对此事做任何评价时，你可做出“我觉得应根据事情的是非曲直，公正、客观地对待和处理冲突”等类似的回答。这样的回答在道义上绝对正确，但又没有实质性内容。

（三）以退为进

在回答问题时，提问对象可先承认提问者的话，然后在适当的时候予以回敬。这便是以退为进。在运用这种技巧时，“退”只是一种手段，最终的目的还是“进”。

（四）形象化回答

在回答理论性较强的问题时，提问对象若用一些空洞的大道理来做出回答，往往难以得到提问者的认可。这时，提问对象可运用形象化回答这一技巧，即通过讲故事、打比方等形象生动的方式，将枯燥的大道理具象化，让提问者品味。

同步案例

挫折与“驴子落枯井”

在一次读者见面会上，一名读者问某作家：“你是如何看待在成长路上遇到的种种挫折的？”

该作家沉思片刻后，回答道：“一位农夫的驴子不小心掉进了枯井里，农夫绞尽脑汁都没法救出驴子。为免除驴子在等死时的痛苦，农夫决定将泥土铲进枯井里将驴子埋了。刚开始时，驴子叫得很凄惨，后来却渐渐安静下来。农夫好奇地探头往井里一看，驴子竟快要升到井口了！原来，当泥土落到驴子背上时，它便将其抖落在一旁，然后站到泥土堆上面。就这样，驴子很快便出了枯井。”

稍顿片刻后，该作家继续说道：“我们在成长的路上难免会遇到‘泥土’，换个角度看，它们其实是一块块垫脚石。从‘枯井’里脱困的秘诀就是将‘泥土’抖落在一旁，然后站到‘泥土堆’上面去！”

该作家通过“驴子落枯井”这个小故事，生动有趣地回答了读者的问题，并道出了一个深刻的人生道理，给人以智慧的启迪。

（五）借题发挥

在回答问题时，提问对象巧妙地借用提问者提问时的语气、问题中的词句等，以一种出人意料又在情理之中的方式来回应对方，从而达到一种在特定情景下的理想回答效果。这便是借题发挥。

班级__________ 姓名__________ 学号__________

任务实施——问答情景模拟

1. 任务描述

在餐厅服务员、酒店大堂经理、空乘人员、教师、银行职员等职业中任选其一，根据所选职业的特点和要求，设定一个问答情景，然后进行情景模拟。

2. 任务目的

（1）熟悉提问的步骤。

（2）掌握提问和回答的技巧。

3. 寻找伙伴

寻找 3～5 名伙伴组成一个小组，从中选出组长，由组长进行任务分工，然后将相关信息填入表 4-4 中。

表 4-4 小组成员及分工情况

班级		职业		指导教师	
小组成员	姓名	学号	任务分工		
组长					
组员					

4. 知识储备

在进行情景模拟前，需要回答以下问题。

问题 1：简述提问的步骤。

问题 2：提问的技巧有哪些？

问题 3：回答的技巧有哪些？

班级____________　姓名____________　学号____________

5. 模拟练习

（1）根据所选职业的特点和要求，设定一个问答情景，并将其填入表 4-5 中。

（2）在组内进行情景模拟，并将自己在模拟过程中运用的提问或回答技巧填入表 4-5 中。

（3）组内成员就情景模拟过程中的提问或回答情况相互点评。

（4）将他人对自己提问或回答情况的评价填入表 4-5 中，并根据该评价改进自己的提问或回答方式。

表 4-5　模拟练习记录表

项目	具体内容
所设定的问答情景	
自己在模拟过程中运用的提问或回答技巧	
他人对自己提问或回答情况的评价	

6. 情景模拟与考核评价

进行情景模拟，教师根据每名学生在模拟过程中的表现和表 4-6 中的内容进行评价。

表 4-6　考核评价表

项目	评价内容	分值	教师评分
专业能力	理解本任务重要知识点	20	
	问答技巧运用娴熟	25	
	情景模拟的整体效果好	25	
职业素养	普通话流利、规范	15	
	语言组织能力强，字迹工整，书面整洁	15	
合　计		100	
综合评语		教师（签名）：	

任务三　掌握谈判的技巧

案例导入

某小企业刚成立不久，其创始人第一次到上海找某批发商推销自己的产品。

待了解对方的来意后，该批发商友善地问道：“我们是第一次打交道吧？以前我好像没有见过你？”批发商这样问是为了打探对方是生意场上的老手还是新手。由于缺乏经验，该创始人马上恭敬地回答道：“我是第一次来上海，什么都不懂，请多多关照。”他这番看似平常的答复使批发商获得了非常重要的信息：对手是一个初出茅庐的新手。

批发商接着问道：“你打算以什么价位出售你的产品？”这位创始人又如实告知对方：“我们的产品每件成本是 20 元，我打算卖 25 元。”

按照当时的市场价，这家小企业的产品 25 元/件的定价是合理的，加上其产品质量较好，报价再高一点儿也是可行的。然而，批发商已了解到该创始人在上海是人地两生，又急于为自己的产品打开销路，于是趁机杀价：“你首次来上海做生意，刚开始应卖得便宜一些才是，每件 20 元，怎么样？”

最终，双方以 20 元/件的价格达成交易。

请思考：

（1）谈判的策略有哪些？上述案例中的批发商运用了哪种谈判策略？

（2）谈判的技巧有哪些？上述案例中那家小企业创始人可运用哪种谈判技巧应对批发商的杀价行为？

相关知识

谈判（见图 4-7）是指有关方面就共同关心的问题互相磋商、交换意见、寻求解决途径和达成一致意见的过程。现实世界是一张巨大的谈判桌，每个人都有可能成为谈判人员，因此具备一定的谈判能力（包括思维能力、观察能力、反应能力、表达能力等）十分重要。职场人士除了具备一定的谈判能力外，还应掌握一定的谈判策略和谈判技巧。

图 4-7 谈判

一、谈判的策略

谈判的策略是指谈判人员为实现预期的谈判目标而遵循的做事原则和采取的方式方法。它直接影响着谈判的成败，并直接关系到双方当事人的利益。谈判的策略有很多，下面重点介绍其中最常用的几种策略。

（一）开诚布公策略

开诚布公策略是指在谈判中坦诚相待，以诚心引起对方的共鸣，并获得对方信任的谈判策略。以诚恳的态度参与谈判，能够让对方在一定程度上放松警惕，营造一种友好、和谐的谈判氛围，进而推动谈判顺利开展。

同步案例

开诚布公的总经理

R企业总经理周某在同S企业总经理谈判时，发现对方对自己持有强烈的戒备心理，严重影响了谈判进程。于是，周某暂停了此次谈判。

经调查，周某了解到S企业曾与当地一家企业做生意，结果却上当受骗了，并遭受了巨大损失。正所谓“一朝被蛇咬，十年怕井绳”，S企业自此对企业间的合作事宜十分谨慎。

第二次谈判时，周某开诚布公地说道：“我知道您担心什么，我方愿意真诚地与贵方合作。谈得成也好，谈不成也罢，至少双方可以交个朋友。”稍顿片刻后，他接着说道：“我知道我方的报价高了点儿，不过，本公司产品的质量如何，您应该十分清楚，否则，您也不会亲自上门来谈。我说得对吧？”

寥寥几句肺腑之言，打消了对方的顾虑。S企业总经理答道：“既然你这么坦诚，我也实话实说，你们在价格上表现出的态度让人感觉没有一点儿可通融的余地。”“那

也未必，如果贵方能够增加订货数量，我方会考虑在价格上做些让步。”周某答道。

周某情真意切，谈判气氛有所缓和，谈判进程有所加快，最终双方顺利达成了合作协议。

（二）先声夺人策略

先声夺人策略是指在谈判开局时，借助己方的优势回击对方的劣势，从而在心理上掌握主动权的谈判策略。运用这种策略时，应事先深入分析对方在各方面的情况（如财务状况、市场地位、过去经常使用的谈判策略等），并将其与己方的相关情况对比，从而了解己方的优势所在。

（三）投石问路策略

投石问路策略是指在谈判中先提出一些问题，然后通过分析对方的反应和回答以摸清其真实想法，并抓住有利时机达成合作的谈判策略。运用这种策略的关键在于选择合适的“石”，即选择合适的问题。这些问题应既是己方所关心的问题，又是对方无法拒绝回答的问题。但是，如果所提问题正好是对方所关心的，就容易将己方的信息透露给对方，反而会给对方创造回击的机会。因此，运用这种策略时，应保持谨慎。

（四）声东击西策略

声东击西策略是指在谈判中，为了达到某种目的或满足某种需要，故意将磋商的议题引到无关紧要的问题上，以转移对方的注意力，进而实现谈判目标的策略。例如，在一场数控机床（见图 4-8）采购谈判中，己方关心的问题是货款支付方式，对方关心的问题则是货物价格，这时己方可努力将双方讨论的问题引导到订货数量或包装方式上，以分散对方对货款支付方式和货物价格两个问题的注意力，使己方能够抽出时间进行深入思考，进而想出更好的应对之策。

图 4-8　数控机床

运用这种策略时，应注意以下事项：

（1）“声东”的条件和理由应充分，否则会引起对方的怀疑。

（2）“声东”应逼真，“声东”与“击西”之间应自然过渡。

（3）关注对方的心理变化，把握好“击西”的时机。

（五）吹毛求疵策略

吹毛求疵策略是指在谈判中，故意挑剔对方产品的缺陷或其他方面的缺点，使对方失去信心，进而做出让步的策略。运用这种策略的关键在于提出的问题应恰到好处，并把握好分寸。

小贴士

一般而言，吹毛求疵策略多用于己方处于劣势的情况。

（六）欲擒故纵策略

欲擒故纵策略是指虽然想与对方达成合作，但是在谈判中却将己方急切的心情掩盖起来，表现出一副满不在乎的样子，似乎是为了解决对方的问题而来谈判的，从而使对方急于谈判，主动让步的策略。

运用这种策略时，应注意以下事项：

（1）在“纵”的过程中激起对方达成合作的欲望。具体做法：一方面表现得满不在乎，表示与己方的利益关系不大；另一方面尽可能揭示对方的利益，表现得处处为对方着想，使其不愿被“纵”。

（2）在“纵”的过程中有意给对方机会，不过应在其争取过之后再给其机会，使其感到机会难得，不容错过。

探索与交流

X公司与Y公司、Z公司就采购一批电子元器件（见图4-9）进行谈判。从生产工艺、报价、售后服务来看，Z公司更有优势，因此X公司内定成交对象为Z公司。为了防止Z公司“翘尾巴”并趁机抬价，X公司决定在谈判中运用以下策略：

首先，X公司将其与Y公司谈判的日程安排在Z公司前，并安排了十分充裕的谈判时间。这一安排让Z公司感觉受到了冷遇。

其次，在与Z公司谈判时，X公司表现得热情不足。X公司的谈判人员似乎信任Z公司，却又不时中断谈判，要求调整谈判日程。在谈判现场，X公司的谈判人员仅仅只了解Z公司的基本情况，并就Z公司的弱项偶尔提出问题，但又不要求Z公司做出改进。这种态度让Z公司有些捉摸不透。

图 4-9 电子元器件

在与 Z 公司进行后续谈判时，X 公司不时透露一些掌握到的 Y 公司的信息，同时利用这些信息或肯定 Z 公司有所长，或提示 Z 公司该如何做。这一做法让 Z 公司找到了谈判的方向，并找回了谈判的信心。

一段时间后，被冷落的 Z 公司主动要求与 X 公司谈判，并做出了一些让步。

最终，X 公司如愿以偿，按预期目标与 Z 公司签订了采购协议。

2 人一组，讨论 X 公司在与 Z 公司谈判的过程中运用了什么策略。

二、谈判的技巧

谈判的技巧有很多，下面重点介绍其中最常用的几种技巧。

（一）重复

（1）重复己方的意见。从信息论（研究信息及其传输的一般规律的学科）的角度来讲，重复己方的意见不会增加新的信息，但会给对方留下较深的印象，在潜移默化中使对方接受己方的意见。

（2）重复对方的意见。在对方发表不同意见后，可将对方的意见重复一遍，但不是一字不差地重复对方的话，而是将其变成自己的话，并在重复时减少异议甚至改变双方异议的实质。例如，对方说："我们认为交货时间太晚了。"己方可回答："那么，您认为交货时间不够早，是吗？"虽然只换了几个字，语气却明显变平和了。

（二）赞美

一般而言，人们都爱听赞美的话。人们受到赞美（见图 4-10）时，都会觉得心情愉快、信心大增，也容易对赞美者产生好感。在谈判中适当赞美对方，有助于缩短谈判双方之间的心理距离，为取得谈判成功奠定良好的基础。但是，过于夸张的赞美会让对方感到尴尬，失实或不恰当的赞美则会让己方显得虚伪。因此，在运用这种技巧时，应注意把握分寸，不仅要善于发现对方值得赞美之处，还要真诚地赞美对方。

图 4-10　受到赞美

具体而言，在运用这种技巧时，应注意以下事项：

（1）热情真诚。能引起好感的赞美首先必须是发自内心、热情洋溢的；否则，赞美就变成了恭维。

（2）具体明确。空洞、含混的赞美会让他人觉得莫名其妙，并怀疑赞美者的动机和意图。

（3）符合实际。对他人的赞美应尽量符合实际，切忌过于夸张。例如，某人在某个领域做出了一点成绩，赞美者可以说："你是这方面的专家。"可如果说"你真不愧是个著名的专家""你真是这方面的泰斗"等，对方可能会觉得赞美者是一个虚伪且阿谀奉承的人。

（4）出其不意。若赞美的话出乎对方意料，对方会认为赞美者的赞美是发自内心，且不带目的的，从而更易对其产生好感。

同步案例

善于赞美他人的小许

T 公司业务员小许上门拜访某企业的一位女经理，准备向其推销本公司的产品。当小许走进办公室时，女经理正埋头看文件，从她的表情可以看出其情绪很糟糕。小许心想："怎样才能让这位女经理放下手中的工作，高兴地接受我的推销呢？"经过观察，小许发现女经理有一头乌黑发亮的长发。

于是，小许真诚地赞美道："好漂亮的长发，我做梦都想拥有这样一头长发，可惜我的头发又黄又少。"女经理眼睛一亮，回答道："没有以前好看了。我最近太忙了，都没时间好好打理头发。瞧，我这头发乱糟糟的。"小许马上接话道："您太累了，应当好好休息一下。"

这时，女经理回过神来，说道："不好意思，我忙晕了。你昨天打电话说今天过来谈业务，我差点忘记了这件事。""没关系的，我们现在谈也不耽误什么。"小许回答道。

小许真诚的赞美赢得了女经理的好感，双方谈得十分愉快，很快便签订了产品采购协议。

（三）示弱

心理学研究表明，人们都有同情弱小的心理。当己方处于劣势时，向对方适当示弱，既能给对方表现自我的机会，又能获取对方的同情，最终化对抗为合作，推动谈判顺利进行。

（四）举例

在谈判中，谈判人员若能够在恰当的时机举例子，使自己的话变得生动、具体，那么己方的意见就会变得更易被对方理解并接受。

探索与交流

甲：第三季度马上要到了，我这次来主要是想了解第三季度的店铺租金情况。

乙：根据近期房价的变化，我们打算将第三季度的租金提高两个百分点。

甲：两个百分点？上个季度不是涨过一次价吗？怎么这次又涨了？

乙：我们也不想啊！但是现在物价普遍上涨，我们的经营成本也增加了，其他商家的店铺租金也是这个价格。

甲：哎，我们是小本经营，上个季度的收入也就勉强能养家糊口，本来还指望这个季度的租金能降点，结果还涨了。如果以新价格续租，我们后面真的只能喝西北风了。

乙：我们体谅你们的难处，但是我们的成本也增加了，肯定没法以之前的价格租给你们。

甲：那我们各退一步，提高一个百分点如何？

乙：大家都不容易，就按你的提议执行吧。

2 人一组，讨论上述对话体现了哪种谈判技巧。

班级____________ 姓名____________ 学号____________

任务实施——商务谈判情景模拟

1. 任务描述

从以下三个主题中任选其一，然后根据所选主题设计具体的商务谈判情景，并进行情景模拟。

主题一：元旦将至，班里要举办元旦晚会，需要购买多件同款演出服。请模拟与商家谈判议价的过程。

主题二：国庆节前，某企业准备安排所有员工去九寨沟度假。请模拟与旅行社在签订合同前的谈判过程。

主题三：M企业的主营业务是服装设计与生产。由于经营不善，该企业面临破产，现在正在寻求投资。N企业的主营业务是服装销售，财力雄厚，且有意向进军服装设计与生产领域。经过初步沟通，M企业打算与N企业商谈投资事宜。请模拟M企业与N企业的谈判过程。

2. 任务目的

（1）掌握谈判的策略。

（2）熟悉谈判的技巧。

3. 寻找伙伴

选择相同主题的学生自动成为一组，从中选出组长，由组长进行任务分工，然后将相关信息填入表4-7中。

表4-7 小组成员及分工情况

<table>
<tr><td>班级</td><td></td><td>主题</td><td colspan="2"></td><td>指导教师</td><td></td></tr>
<tr><td>小组成员</td><td>姓名</td><td>学号</td><td colspan="4">任务分工</td></tr>
<tr><td>组长</td><td></td><td></td><td colspan="4"></td></tr>
<tr><td rowspan="4">组员</td><td></td><td></td><td colspan="4"></td></tr>
<tr><td></td><td></td><td colspan="4"></td></tr>
<tr><td></td><td></td><td colspan="4"></td></tr>
<tr><td></td><td></td><td colspan="4"></td></tr>
</table>

4. 知识储备

在进行情景模拟前，需要回答以下问题。

问题1：谈判的策略有哪些？

班级＿＿＿＿＿＿　姓名＿＿＿＿＿＿　学号＿＿＿＿＿＿

问题 2：谈判的技巧有哪些？

5. 模拟练习

（1）根据所选主题设计具体的商务谈判情景，并将其填入表 4-8 中。

（2）在组内进行情景模拟，并将自己在模拟过程中运用的谈判策略或技巧填入表 4-8 中。

（3）组内成员就情景模拟过程中的谈判情况相互点评。

（4）将他人对自己谈判情况的评价填入表 4-8 中，并根据该评价改进自己的谈判方式。

表 4-8　模拟练习记录表

项目	具体内容
所设定的商务谈判情景	
自己在模拟过程中运用的谈判策略或技巧	
他人对自己谈判情况的评价	

6. 情景模拟与考核评价

进行情景模拟，教师根据每名学生在模拟过程中的表现和表 4-9 中的内容进行评价。

表 4-9　考核评价表

项目	评价内容	分值	教师评分
专业能力	理解本任务重要知识点	20	
	谈判策略和谈判技巧运用娴熟	25	
	情景模拟的整体效果好	25	
职业素养	普通话流利、规范	15	
	语言组织能力强，字迹工整，书面整洁	15	
合　计		100	
综合评语		教师（签名）：	

任务四　熟悉说服与拒绝的技巧

案例导入

一个小男孩想让妈妈为他买一条牛仔裤，但他担心被拒绝，因为他已经有一条牛仔裤了。小男孩没有像其他孩子一样苦苦哀求或者撒泼耍赖，而是一本正经地对妈妈说道："妈妈，你见过一个孩子，他只有一条牛仔裤吗？"

这颇为天真而略带计谋的问话，一下子打动了妈妈。事后，这位妈妈谈到自己的感受时说："儿子的话让我觉得若不答应他的请求，简直有点儿对不起他。哪怕在自己身上再节省一些，也不能委屈了孩子。"

请思考：

（1）说服的技巧有哪些？

（2）上述案例中的小男孩在说服妈妈时运用了哪种技巧？

相关知识

在人际沟通中，人们经常需要说服他人接受自己的观点、要求，或者理解并支持自己。同时，人们也需要学会拒绝他人（见图 4-11），因为他人提出的要求并不总是合理的。对于不合理的要求，如果不加以拒绝，可能给自己带来麻烦。职场人士应掌握说服的技巧，通过说服赢得他人的认可与尊重，同时，还应掌握拒绝的技巧，讲究拒绝的方式，主动拒绝他人不合理的要求。

图 4-11　拒绝他人

一、说服的技巧

俗话说，心急吃不了热豆腐。说服他人时，要保持耐心，讲究技巧，切忌急于求成；否则，就无法达到理想的说服效果。说服的技巧有很多，下面重点介绍其中最常用的几种技巧。

常用的说服技巧

（一）稳定情绪，再行说服

说服他人时，应先稳定自己的情绪，用和颜悦色的说话方式代替命令的口吻，让对方有维护自尊心的机会，然后尝试去说服他人。

（二）换位思考，晓以利害

说服他人时，应站在对方的立场考虑问题，理解其思想情感，并从对方的角度说明问题，使其改变自己的看法，从而达到理想的说服效果。

站在他人的角度考虑问题

R 工厂委托 S 工厂生产一种精密仪器的部件。当 S 工厂将这种部件的半成品交给 R 工厂检验时，不料全都不符合要求。由于快到交货日期，R 工厂的负责人要求 S 工厂尽快重新生产该批部件。然而，S 工厂的负责人认为他们完全是按照 R 工厂要求的规格来生产该批部件的，于是拒绝重新生产。双方僵持了许久。

经过调查，R 工厂的负责人得知过错在于己方，便对 S 工厂的负责人说道："这件事的过错方的确是我们，而且还让你们吃了亏，实在抱歉。如今，幸好你们将半成品送来检验，才让我们及时发现了问题。只是事到如今，事情总是要解决的。你们不妨按照新的要求重新生产一批部件，这样对我们双方都有好处。"

S 工厂的负责人听完这话，觉得对方还算有诚意，便答应重新生产一批部件。

（三）讲究方式，引起关注

说服他人时，应以能够引起对方关注的方式表达观点，并用富有吸引力的内容支撑己方的观点，从而引导对方关注特定的话题，让对方充分了解己方的意思。

（四）以情动人，以理服人

说服他人时，应将真情实意通过自己的声音传达给对方，以达到感动对方的目的。这是因为激发对方的情感有时候比引起对方的理性思考更为有效。同时，还应摆事实、讲道理，从而使对方赞同己方的观点。

探索与交流

如果你想让同事和你一起去健身房（见图 4-12）锻炼身体，但他对这件事不感兴趣。你该如何说服他？在说服他时，你可运用哪些技巧？

图 4-12 健身房

忠贞不渝

触龙说服赵太后

战国时期，各国之间纷争不断。赵太后执政不久，秦国就加紧进攻赵国。被逼无奈之下，赵太后只得向齐国求救。齐国虽然答应出兵相救，但是要求必须以赵太后的小儿子长安君作为人质。赵太后非常疼爱长安君，所以严词拒绝了齐国，并严令禁止任何人再来劝谏。

有一天，赵国的左师触龙求见赵太后。赵太后知道他是来劝说自己用长安君做人质的，所以非常不高兴。

触龙步履维艰地走到赵太后跟前，对其说道："老臣的脚有些毛病，行动不便，因此好久没来见您。我担心太后的身体不适，今天特地来看望您。怎么样？您的饭量还行吧？"赵太后回答道："我每天只能吃点粥。"触龙接着说道："我近来食欲也不大好，但我每天都坚持走动，饭量才有所增加，身体也渐好。"听到他闭口不提人质的事情，赵太后的怒气和戒备心才渐渐消失。两位老人便亲切地攀谈起来。

聊了一会儿，触龙对赵太后说道："我有个小儿子，最不成才，可是我偏偏最疼爱这个小儿子，恳求太后允许他到宫里当一名卫士。"赵太后赶紧问道："他几岁了？"触龙回答道："今年十五岁了。虽然他年纪不大，但我想趁我还活着时将他托付给您。"

听到触龙这些爱怜自己小儿子的话，赵太后似乎找到了情感上的慰藉，对他说道："真想不到，你们男人也爱怜孩子呀！"触龙说道："恐怕比你们女人还要更胜一筹呢！"赵太后不服气地说道："不可能，还是女人更爱孩子。"

聊到这里，触龙见时机已到，于是将话题慢慢转到劝赵太后用长安君做人质以挽救赵国的命运上。他对赵太后说道："老臣以为您对小儿子爱得还不够啊，远不如您爱女儿那样深。"赵太后没说话。

触龙又继续解释道："父母爱孩子，必须为孩子做长远打算。想当初，您将女儿嫁去燕国时，虽然为她的远离而伤心，但是又祈祷她不要返回，希望她的子孙后代能够一直在燕国当国君。您为她想得这么长远，这才是真正的爱啊。"然后，他又接着往下说："如今，您将许多土地和珠宝赐给了长安君，然而，如果他没有为赵国立过功，待您百年之后，他又将依靠谁呢？所以说，您并非真正爱护长安君啊！"

触龙的一席话至情至理，说得赵太后心服口服。于是，赵太后立即差遣仆人给长安君准备车马和礼物，送他到齐国做人质，并催促齐国马上出兵为赵国解围。齐国国君见赵国真的愿意送长安君来做人质，于是马上出兵援赵。两国联手击退了秦国的兵马，赵国的危难最终得以克服。

资料来源：https://www.gushiwen.cn/gushiwen_e7f9a783a1.aspx，有改动

二、拒绝的技巧

善于拒绝他人是职场人士必备的沟通技巧。对于他人不合理的要求，不应盲目接受或满足，而应主动拒绝。拒绝的技巧有很多，下面重点介绍其中最常用的几种技巧。

（一）避实就虚

避实就虚是指避开实质问题，故意用模棱两可的话回应对方，同时委婉地表达自己不合作的态度。运用这种技巧的关键在于对于他人的观点或要求，既不说"是"，也不说"否"，而是将话题转移到他处。

同步案例

避实就虚，化解尴尬局面

某校评定职称，一位老教师在公布名单前找到校长。

老教师："校长，我想知道这次评职称，我有希望评上吗？"

校长："先喝茶……最近身体怎么样？"

老教师："身体还可以。"

校长："老教师可是我们学校的宝贵财富，青年教师还要靠你们指导呢！"

老教师："作为一名老教师，我会尽力的，可不知道我能否……"

校长："不管这次评不评得上，我们都要依靠像你这样的老教师。你经验丰富，教学得法，学生反映不错。我想对于一名教师而言，学生的认同比什么都重要，你说呢？"

老教师："是啊。"

校长："这是我们学校第一次评定职称，历史遗留问题较多，僧多粥少，有些教师这次暂时还很难如愿，可能要等到下一次才能评上，相信大家一定能够理解。同时，我们会公平、公正地评价每一位教师的劳动，尤其是你们这些辛苦工作多年的老教师！"

这位老教师点点头，没有再说什么就起身告辞了。

（二）幽默化解

幽默化解是指在轻松诙谐的玩笑中让对方听出弦外之音，从而自然地化解对方因被拒绝而产生的尴尬与不快。

（三）巧借外因

巧借外因是指寻找一个合适的借口来拒绝他人。例如，你向朋友借来了一部相机，某同学见该相机性能较好，非要借用不可，而你又无权转借。在这种情况下，你可以这样拒绝他："不是我不够意思，而是我朋友特别强调过不让转借。咱俩关系不错，你可不能让我为难啊！"

（四）寻求谅解

寻求谅解是指保持诚恳的态度，说明自己无法答应对方的理由，同时还应尽量让对方理解自己拒绝的原因，使双方的友情不受到破坏。例如，某人邀请你做报告（见图 4-13），而你因没有时间不得不拒绝。在这种情况下，你可以这样拒绝他："哎呀，真的十分遗憾，我实在是挤不出时间来了。对啦，××也讲得很好，说不定他是比我更合适的人选呢。"

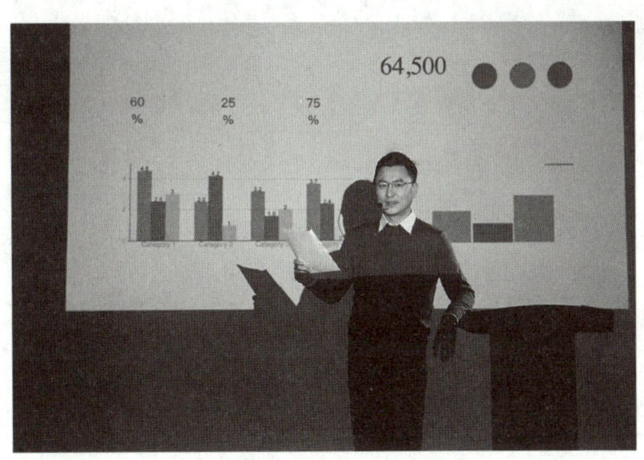

图 4-13　做报告

小贴士

拒绝他人时，应做到“四不要”：① 不要立刻拒绝；② 不要轻易拒绝；③ 不要在情绪失控时拒绝；④ 不要傲慢无礼。

修身养性

要期末考试了，同学小张提前跟你打招呼，让你在考场上帮他作弊，还特别强调他到时候就坐在你身后，你稍加配合，让他能看到你的答卷就行。你觉得诚信是做人的基本准则，学生应诚信考试，坚决抵制作弊行为。你该如何拒绝小张的要求？

班级__________ 姓名__________ 学号__________

任务实施——说服或拒绝情景模拟

1. 任务描述

从以下五个主题中任选其一，然后根据所选主题设计具体的说服或拒绝情景，并进行情景模拟。

主题一：一名同事受到了领导的批评，感觉有些委屈，便消极怠工。该怎样说服他消除消极情绪，认真投入工作中？

主题二：公司派你去请一位专家来做报告，而且明确说明没有报酬，但会赠送小礼品。该怎样说服专家前来？

主题三：客户购买的一款产品出现了故障，按照“三包”的相关规定，公司只需要提供维修服务即可，但客户坚持要换全新的产品。该怎样拒绝客户？

主题四：你在公司负责原材料采购工作，你的朋友带着丰厚的礼品来找你，说他有一批质量不太好的原材料，希望你帮他处理掉。选用这批原材料势必影响你所在公司产品的质量，你认为绝对不能采购这批原材料。该怎样拒绝你的朋友？

主题五：你是某艺术馆的工作人员，负责维护馆内的参观秩序。许多参观者跃跃欲试，伸手触摸展览的艺术品，而这样做会导致艺术品受损。该怎样拒绝参观者的触摸行为？

2. 任务目的

（1）掌握说服的技巧。

（2）掌握拒绝的技巧。

3. 寻找伙伴

选择相同主题的学生自动成为一组，从中选出组长，由组长进行任务分工，然后将相关信息填入表 4-10 中。

表 4-10 小组成员及分工情况

班级		主题		指导教师	
小组成员	姓名	学号	任务分工		
组长					
组员					

4. 知识储备

在进行情景模拟前，需要回答以下问题。

班级________ 姓名________ 学号________

问题1：说服的技巧有哪些？

问题2：拒绝的技巧有哪些？

5. 模拟练习

（1）根据所选主题设计具体的说服或拒绝情景，并将其填入表4-11中。

（2）在组内进行情景模拟，并将自己在模拟过程中运用的说服或拒绝技巧填入表4-11中。

（3）组内成员就情景模拟过程中的说服或拒绝情况相互点评。

（4）将他人对自己说服或拒绝情况的评价填入表4-11中，并根据该评价改进自己的说服或拒绝方式。

表4-11　模拟练习记录表

项目	具体内容
所设定的说服或拒绝情景	
自己在模拟过程中运用的说服或拒绝技巧	
他人对自己说服或拒绝情况的评价	

6. 情景模拟与考核评价

进行情景模拟，教师根据每名学生在模拟过程中的表现和表4-12中的内容进行评价。

表4-12　考核评价表

项目	评价内容	分值	教师评分
专业能力	理解本任务重要知识点	20	
	说服或拒绝的技巧运用娴熟	25	
	情景模拟的整体效果好	25	
职业素养	普通话流利、规范	15	
	语言组织能力强，字迹工整，书面整洁	15	
合　计		100	
综合评语		教师（签名）：	

学习成果自测

1. 填空题

（1）人们常常在接受对方的问候、欢迎、鼓励或祝贺时，使用________以表示感谢。

（2）________是指先不直接提出想要问的问题，而是同提问对象聊一些看似无关紧要的事情，然后瞄准时机，提出自己真正想问的问题。

（3）在谈判过程中，运用赞美技巧时，应注意以下事项：_______、_______、______和_______。

2. 单项选择题

（1）（　　）是指在发现自己说错话并简单致歉后，有意借着错处和幽默风趣、机智灵活的言语来立即转移话题，改变交谈氛围，使听者随之进入新的情景中。

A．及时改口　　B．及时移植

C．将错就错　　D．借题发挥

（2）在回答问题时，提问对象可先承认提问者的话，然后在适当的时候予以回敬。这便是（　　）的回答技巧。

A．答非所问　　B．无效回答

C．以退为进　　D．形象化回答

（3）（　　）策略是指在谈判中坦诚相待，以诚心引起对方的共鸣，并获得对方信任的谈判策略。

A．先声夺人　　B．投石问路

C．声东击西　　D．开诚布公

3. 案例分析题

一名求职者在搭公共汽车去面试的路上挤掉了西装的扣子，由于来不及补救，他硬着头皮走进了面试室。

在面试过程中，一名面试官打量了他一翻，问道："你觉得国家公务员的形象应是怎样的？"他略一思索，回答道："国家公务员的形象代表着政府部门的形象，必须是庄重、严肃且符合礼仪要求的。我参加这个职位的面试，应从此刻开始，自觉地以国家公务员的标准要求自己。但很抱歉，我西装上的扣子在公共汽车上被挤掉了，严重影响了国家公务员的形象，因此扣我一个月工资都是应该的。"

请问该求职者在回答面试官的问题时运用了哪种回答技巧？该求职者的回答能否令面试官满意？为什么？

学习成果评价

请进行学习成果评价，并将评价结果填入表 4-13。

表 4-13　学习成果评价表

班级		姓名		学号	
评价项目	评价内容		分值	评分	
				自我评分	教师评分
知识 40%	常用的礼貌用语		4		
	宜谈和忌谈的话题		4		
	弥补言语失误的技巧		4		
	交谈的禁忌		4		
	提问的步骤		4		
	提问的技巧		4		
	回答的技巧		4		
	谈判的策略和技巧		4		
	说服的技巧		4		
	拒绝的技巧		4		
技能 40%	能灵活运用交谈的技巧		10		
	能灵活运用提问与回答的技巧		10		
	能灵活运用谈判的技巧		10		
	能灵活运用说服与拒绝的技巧		10		
素养 20%	积极参加教学活动，遵守课堂纪律		5		
	具备良好的学习态度		5		
	认真完成任务实施		5		
	主动与他人合作与沟通		5		
合　计			100		
总分（自我评分×40%+教师评分×60%）					
自我评价					
教师评价					

项目五

仪态形象

项目引言

仪态是心灵的"外衣"，像有声语言一样具有传情达意的功能。一个人的一举一动、一颦一笑，不仅能反映其外在形象，还能反映其品格和气质。优雅的仪态能够增添个人魅力，有助于给人留下良好的第一印象。

本项目将围绕姿态、手势和面部表情，介绍与仪态形象有关的知识。

知识目标

- 学会保持良好的姿态。
- 学会正确使用手势。
- 学会合理展现面部表情。

素质目标

- 通过学习"北京冬奥会礼仪志愿者展现东方礼仪之美"这一案例，了解反复训练对于塑造仪态形象的重要性，培养吃苦耐劳的精神。
- 通过学习"在平凡岗位守好'微笑服务'初心"这一案例，增强爱岗敬业精神，立足平凡岗位，为社会主义现代化事业注入蓬勃的生机与活力。

任务一　保持良好姿态

案例导入

在大学期间，小闵学习刻苦，并积极参加学校组织的社会实践活动，从而拓宽了自己的知识面，提高了自己的沟通能力与组织协调能力。毕业之际，他通过了一家大型企业的层层选拔，成为少数几名进入最终面试环节的应聘者之一。

在面试过程中，无论是谈吐、精神面貌，还是对所应聘岗位的认知，小闵都得到了面试官的认可。随着面试氛围越来越融洽，小闵逐渐放松下来。在侃侃而谈的同时，他将上身斜靠在椅背上，同时不自觉地抖动双腿，还将双手交叉抱于胸前。

面试结束后，小闵并没有等来这家企业录用他的消息。

请思考：

（1）小闵为什么没有等来该企业录用他的消息？

（2）小闵在面试过程中呈现出的姿态存在哪些问题？

相关知识

姿态是指人的身体呈现出的各种姿势，主要包括站姿、坐姿、行姿、蹲姿等。姿态是一种无声语言，不仅反映了一个人的外表，还反映了其内在涵养。职场人士的姿态是其职业形象的重要组成部分，直接影响着他人对自己的印象和评价。

一、挺拔的站姿

站姿是指人的双腿在直立、静止状态下身体所呈现出来的姿态。站姿是人们在工作和生活中使用的基本姿态，是其他动态姿态的基础。职场人士要保持良好的姿态，就要从规范站姿开始。

常用的站姿

（一）站姿的要领

“站如松”是站姿的总体要求。要想站得像松树一样挺拔，就要掌握以下要领：

（1）挺：头部端正，双目平视，背部挺起。

（2）直：颈直，腰直，腿直，脑后枕部（后脑勺儿）、背部、臀部、小腿、脚跟成一

条直线。

（3）高：重心上拔，胸部挺起，腹部内收。

（4）稳：身体平稳，重心落在双脚之间。

（二）常用的站姿

常用的站姿有双臂侧放式站姿、体前交叉握手式站姿和体后背手式站姿。

1. 双臂侧放式站姿

双臂侧放式站姿的要领如下：① 两脚跟靠拢，男性可选择不靠拢；② 脚尖分开，女性分开 45°，男性分开 45°～60°；③ 双臂自然下垂，中指对准裤缝，虎口向前，手指自然弯曲。男性双臂侧放式站姿如图 5-1 所示。

图 5-1 男性双臂侧放式站姿

2. 体前交叉握手式站姿

体前交叉握手式站姿（见图 5-2）的要领如下：① 双脚靠拢，男性可选择不靠拢；② 脚尖分开，女性分开 45°，男性分开 45°～60°；③ 双手自然交叉叠放于小腹前；④ 手臂略向前倾。空姐、酒店大堂经理等服务行业人员多使用这种站姿。

3. 体后背手式站姿

体后背手式站姿（见图 5-3）的要领如下：① 双脚分开；② 脚尖分开 45°～60°；③ 双手放于后背，一只手自然握住另一只手的手背部位，并放于尾骨处；④ 双臂肘关节自然内收。这种站姿多为男性使用。

a）女性站姿

b）男性站姿

图 5-2 体前交叉握手式站姿

图 5-3 体后背手式站姿

小贴士

女性站立时，除了可以使用如图 5-2a 所示的站姿外，还可以使用“丁”字步式站姿（右脚后撤，左脚脚跟靠于右脚足弓处，见图 5-4）。

图 5-4 女性“丁”字步式站姿

（三）常见的不良站姿

职场人士应避免做出以下不良站姿：

（1）身体歪斜，双肩一高一低，弯腰驼背。

（2）双手插入上衣口袋或裤子口袋，双手或单手叉腰，双手交叉抱于脑后，或双臂交叉抱于胸前。

（3）双腿交叉，或弯腿顶胯。

（4）扭动身体，乱晃双臂。

（5）倚物（如墙壁、椅子等）而立。

（6）双脚分开角度过大或呈“内八字”（见图 5-5）。

（7）双脚呈蹬踩式，即一只脚踩在地上，另一只脚踩在其他物体上。

图 5-5　“内八字”

探索与交流

图 5-6 展示了不同的站姿。判断这些站姿是否属于不良站姿。若属于，指出其存在哪些问题。

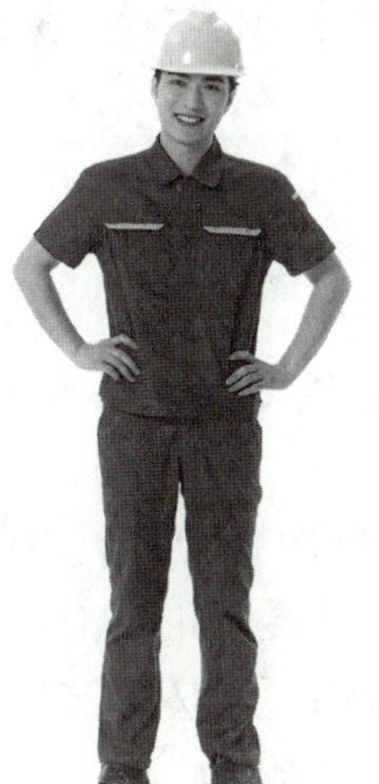

图 5-6　不同的站姿

小贴士

可使用以下方法训练站姿：

（1）背靠背站立训练法：两人一组，背靠背站立，脑后枕部、背部、臀部、小腿、脚跟相互紧贴。

（2）靠墙训练法：靠着墙壁站立，将脑后枕部、背部、臀部、小腿、脚跟紧贴墙壁，使这五点保持在一条直线上。

（3）顶书训练法：按照规范的站姿站好，在头顶平放一本书，使书保持平衡。

二、端正的坐姿

坐姿是指人在就座以后身体所呈现出来的姿态。坐姿是职场人士常用的姿态，无论是伏案工作、参加会议，还是会客交谈、娱乐休息，都离不开坐姿。端正的坐姿能够展现一个人的气质与修养，给人以沉着、冷静、稳重的感觉。

（一）坐姿的要领

“坐如钟”是坐姿的总体要求。要想坐得像钟一样端正，就要掌握以下要领：

（1）上身挺直：头部端正，双目平视，嘴唇微闭，下颌微收，颈部挺直，双肩放平，腰部挺直。

（2）四肢摆好：双手自然放于大腿、桌面或椅子扶手上，双脚平落于地面。

（3）椅面不满：宜坐椅面的1/2～2/3，不宜坐满椅面。

（二）常用的坐姿

1. 职业女性常用的坐姿

职业女性常用的坐姿有以下四种：

（1）正位式坐姿（见图5-7a）。其要领如下：① 上身与大腿、大腿与小腿、小腿与地面均成90°；② 双腿并拢，双膝紧贴，双手虎口相交放于一条腿上。这种坐姿会给人一种诚恳、认真的感觉，一般适用于较正式的场合，如庆典仪式、正式会议等。

（2）侧点式坐姿（见图5-7b）。其要领如下：① 上身坐直；② 双腿并拢，两小腿同时向左（或右）平移，与地面约成45°；③ 双手虎口相交放于左（或右）腿上。

（3）交叉式坐姿（见图5-7c）。其要领如下：① 上身坐直；② 双腿并拢，双脚在踝关节处交叉后略向右（或左）侧斜放，一脚平落于地面，另一脚点地；③ 双手虎口相交放于右（或左）腿上。使用这种坐姿时，也可将双脚交叉后略向后屈。

（4）重叠式坐姿（见图5-7d）。其要领如下：① 上身坐直；② 两小腿平移至身体左侧，与地面约成45°；③ 右腿置于左腿之上，右脚挂于左脚踝关节处，脚尖向下，左脚掌着地。也可以交换两腿的上下位置，即将左腿置于右腿之上，然后将两小腿平移至身体右侧。

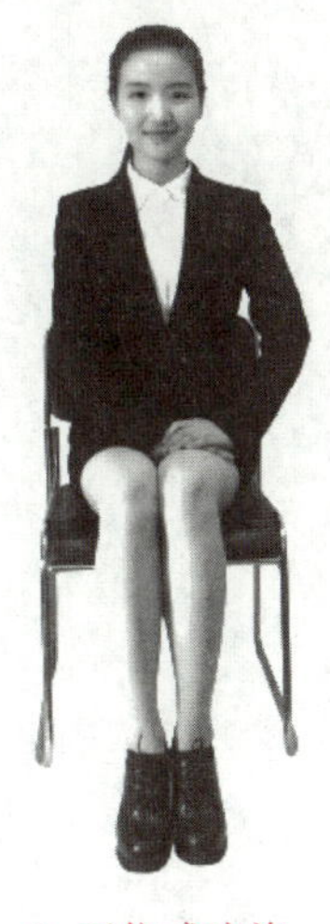

a）正位式坐姿

b）侧点式坐姿

c）交叉式坐姿

d）重叠式坐姿

图 5-7 职业女性常用的坐姿

2．职业男性常用的坐姿

职业男性常用的坐姿有以下两种：

（1）正位式坐姿（见图 5-8a）。其要领如下：① 上身与大腿、大腿与小腿、小腿与地面均成 90°；② 双膝和双脚分别自然分开一定距离，但不超过肩宽；③ 双手分别放在两腿上。

（2）重叠式坐姿（见图 5-8b）。其要领如下：① 一条腿放在另一条腿的上方；② 位于下方的一条腿的小腿垂直于地面，脚掌着地；③ 位于上方的一条腿的小腿向内收，脚尖向下。

a）正位式坐姿

b）重叠式坐姿

图 5-8 职业男性常用的坐姿

（三）常见的不良坐姿

职场人士应避免做出以下不良坐姿：

（1）上身倾斜，含胸驼背，给人以无精打采的感觉。

（2）高跷二郎腿（见图 5-9），或将脚踝放在另一条大腿上。

（3）一腿弯曲、一腿伸直，或双腿伸直。

（4）双腿分开角度过大，或大腿并拢而小腿分开。

（5）双臂交叉抱于胸前。

（6）托腮或趴在桌面上。

（7）上身大幅前倾或后仰（见图 5-10）。

（8）左顾右盼，摇头晃脑，不停抖腿，或随意挪动椅子。

图 5-9　高跷二郎腿

图 5-10　上身大幅后仰

不同的表现，不同的结果

有一次，小程、小胡、小洪三名应届毕业生同时去应聘某酒店的前厅服务员岗位。

待三人入座后，面试官看到他们的坐姿，欲言又止：小程高跷二郎腿，而且在不停地抖腿；小胡慵懒地斜靠在椅子一角，显得无精打采；小洪则端坐在椅子上等候面试。

面试官非常客气地对小程和小胡说：“对不起，我看过你们的简历了，你们的面试已经结束了，可以离开了。”小程和小胡四目相对，不明白为何面试还未开始就结束了。

三、稳健的行姿

行姿是站姿的延续动作，是在站姿的基础上展示人体动态美的一种姿态。稳健的行姿能够体现出一个人朝气蓬勃、积极向上的精神面貌。

（一）行姿的要领

“行如风”是行姿的总体要求。要想走路像风一样轻快，就要掌握以下要领：

（1）步态端正。昂首挺胸，收腹提臀，双肩放平，双目平视，重心稍向前倾，双臂自然地前后摆动（摆动角度为30°～40°），掌心朝内，手指自然弯曲，脚尖伸向正前方，脚跟先于脚掌着地。

（2）步幅适中。步幅是指行走时，一脚跟着地处与另一脚跟着地处之间的垂直距离。男性的步幅宜为70厘米，女性的步幅宜为50厘米。

（3）步速均匀。步速应保持均匀、平稳，不应忽快忽慢。正常情况下，每分钟走80～100步。

（4）风格有别。男性步伐应矫健、稳重，展现出阳刚之气；女性步伐应轻盈，展现出阴柔之美。男性的行走路线应为两条平行线，女性的行走路线应尽可能为一条直线。

规范的行姿如图5-11所示。

图5-11　规范的行姿

（二）常见的不良行姿

职场人士应避免做出以下不良行姿：

（1）呈“内八字”或“外八字”行走。

（2）弯腰驼背。

（3）行走过快或过慢。

（4）多人行走时勾肩搭背。

（5）身体乱摇摆。

（6）拖蹭地面，或踮脚走路。

（7）手插口袋，双臂相抱，或背手行走。

探索与交流

你还知道哪些不良行姿？教师挑选几名学生在课堂上演示不良行姿及其对应的正确行姿。

四、得体的蹲姿

蹲姿是综合了人体动态美与静态美的一种姿态。人们在拾物、整理鞋袜等情况下会使用蹲姿。

（一）蹲姿的要领

蹲姿的要领具体如下：

（1）上身端正：双目平视，背部挺直，挺胸收腹。

（2）双腿摆好：女性双腿应并紧，男性双腿应分开。

（3）蹲速适中：下蹲速度应适中，不能太快或太慢。

（二）常用的蹲姿

常用的蹲姿有高低式蹲姿、交叉式蹲姿、单膝点地式蹲姿和半蹲式蹲姿。

1．高低式蹲姿

高低式蹲姿（见图5-12）的要领如下：① 双腿并拢，左膝低于右膝；② 右脚在前，左脚在后，右脚全脚着地，左脚前脚掌着地，脚跟抬起；③ 臀部靠在左脚跟处，身体重心落在左腿上；④ 双手交叉放于右膝上。男性使用这种蹲姿时，双腿间应保持适当距离，并将双手分别放在两膝上。使用这种蹲姿时，可左、右腿互换。

2．交叉式蹲姿

交叉式蹲姿（见图5-13）的要领如下：① 双腿交叉后下蹲；② 左脚在前，右脚在后，左脚全脚着地，右脚前脚掌着地，脚跟抬起；③ 左小腿垂直于地面；④ 右膝从左膝下方伸出；⑤ 臀部靠在右脚跟处，双腿夹紧，身体重心落于双腿上。使用这种蹲姿时，可左、右腿互换。这种蹲姿优雅，适合女性。

a）女性高低式蹲姿

b）男性高低式蹲姿

图 5-12 高低式蹲姿

图 5-13 交叉式蹲姿

3. 单膝点地式蹲姿

单膝点地式蹲姿（见图 5-14）的要领如下：① 双腿一蹲一跪；② 右膝点地，臀部坐在右脚跟上，右脚尖着地；③ 左脚全脚着地，左小腿垂直于地面；④ 双膝同时向前，双腿尽量并拢；⑤ 双手交叉放于左膝上。使用这种蹲姿时，可左、右腿互换。这种蹲姿是一种非正式的蹲姿，适合下蹲时间较长或需要用力的情况。

4. 半蹲式蹲姿

半蹲式蹲姿（见图 5-15）的要领如下：① 身体半立半蹲，上身稍微弯曲，但不与下肢构成直角或锐角；② 双膝略弯曲，大腿与小腿一般构成钝角；③ 臀部向下，身体重心落在其中一条腿上。这种蹲姿多在行走过程中临时使用。

图 5-14 单膝点地式蹲姿

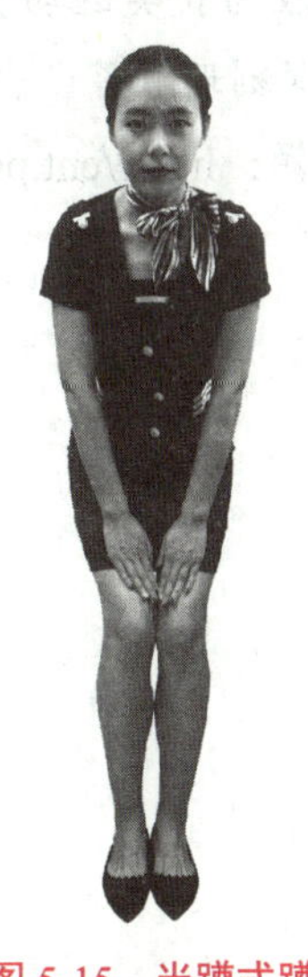

图 5-15 半蹲式蹲姿

（三）常见的不良蹲姿

职场人士应避免做出以下不良蹲姿：

（1）行走过程中突然下蹲、面对他人下蹲或下蹲时离人过近。

（2）在公共场合蹲着休息。

（3）下蹲时弯腰撅臀。

（4）女性穿裙装下蹲时毫不遮挡。

（5）蹲在椅子上。

修身养性

北京冬奥会礼仪志愿者展现东方礼仪之美

2022 年北京冬奥会颁奖仪式上，礼仪志愿者的一举一动既展现了东方礼仪之美，又表达了对获奖运动员崇高的敬意。来自北京服装学院表演专业的小廖就是这些礼仪志愿者中的一员。通过参加北京冬奥会志愿服务，她理解了奉献的含义，也增强了自信。

登上冬奥会颁奖仪式这个舞台，在世界各地观众的注视下展现东方礼仪之美，这并不是一件容易的事。

在被选为礼仪志愿者后，小廖参加了为期一个月的封闭训练，训练内容包括基本礼仪知识、站姿、行姿等。在训练中，她严格按照要求反复进行训练。例如，在训练站姿时，她每天站立 3～4 个小时。虽然训练很艰苦，但小廖高质量地完成了任务，其吃苦耐劳的精神也得到了教练的充分肯定。

除了高强度的训练外，小廖还和伙伴们参与了多次颁奖仪式演练。也正是因为付出了汗水，小廖在为获奖运动员颁奖时展现了优美、端庄的仪态。此外，小廖通过参加这次活动，也深刻理解了“台上一分钟，台下十年功”的含义。

资料来源：http://ent.people.com.cn/n1/2022/0301/c1012-32362255.html，有改动

班级＿＿＿＿＿＿　姓名＿＿＿＿＿＿　学号＿＿＿＿＿＿

任务实施——姿态模拟训练

1. 任务描述

在站姿、坐姿、行姿、蹲姿等姿态中任选其一，然后根据所选姿态的要领，进行姿态模拟训练。

2. 任务目的

（1）掌握站姿、坐姿、行姿和蹲姿的要领。

（2）熟悉常用的站姿、坐姿、行姿和蹲姿。

（3）了解常见的不良站姿、坐姿、行姿和蹲姿。

3. 寻找伙伴

寻找 3～5 名伙伴组成一个小组，从中选出组长，由组长进行任务分工，然后将相关信息填入表 5-1 中。

表 5-1　小组成员及分工情况

班级		姿态		指导教师	
小组成员	姓名	学号	任务分工		
组长					
组员					

4. 知识储备

在训练姿态前，需要回答以下问题。

问题 1：自己所选姿态的要领有哪些？

问题 2：列举在做出自己所选姿态时应注意的事项。

班级____________ 姓名____________ 学号____________

5．模拟练习

（1）设定一个具体情景，然后根据所选姿态的要领和在做出该姿态时应注意的事项，使用科学的方法进行训练，并将相关内容填入表 5-2 中。

（2）在组内展示自己的姿态。

（3）组内成员相互点评。

（4）将他人对自己姿态的评价填入表 5-2 中，并根据该评价制订纠正自己错误姿态的措施。

表 5-2　模拟练习记录表

项目	具体内容
所设定的情景	
所采用的训练方法	
他人对自己姿态的评价	
纠正错误姿态的措施	

6．姿态展示与考核评价

进行姿态展示，教师根据每名学生姿态的展示情况和表 5-3 中的内容进行评价。

表 5-3　考核评价表

项目	评价内容	分值	教师评分
专业能力	理解本任务重要知识点	20	
	训练方法得当，掌握姿态的要领	25	
	姿态的整体效果好	25	
职业素养	拥有正确的审美观	15	
	语言组织能力强，字迹工整，书面整洁	15	
合　计		100	
综合评语		教师（签名）：	

任务二 善用手势

案例导入

某酒店员工小郑赶去机场接待一个旅行团。待旅行团到达后，小郑按照惯例开始清点人数："1，2，3，4……"他一边用手指点数，一边轻轻地念着。突然，一位客人不满地说道："你这是在数牲口吗？"对于这位客人的质问，小郑一时之间不知该如何应对。

请思考：

（1）小郑在清点人数时使用的手势存在哪些问题？

（2）职场人士在使用手势时，应遵循哪些基本原则？

相关知识

手势（见图 5-16）是指表示意思时用手（有时连同身体其他部位）所做的姿势。手势是人际交往中不可或缺的动作，是富有表现力与感染力的一种"体态语言"，在表情达意方面起着十分重要的作用。一些手势有其特定的含义，只有使用得当，才能助力职业发展。

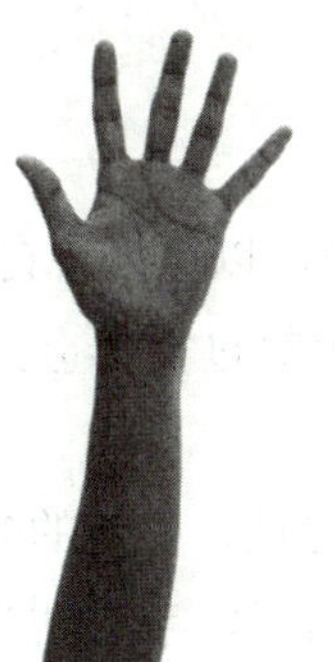
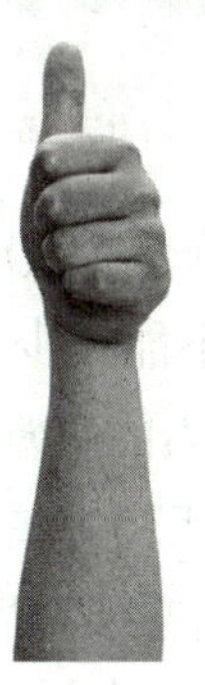
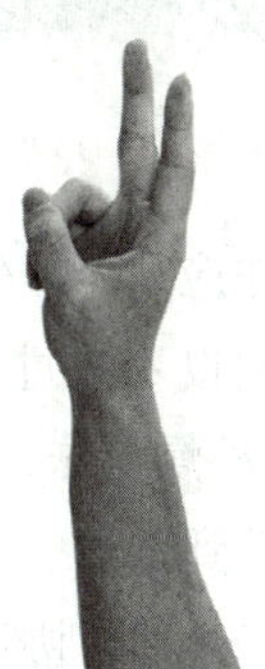

图 5-16 手势

小贴士

手势出现在不同的区域，表达不同的情感。

（1）上区（肩部以上）。出现在该区域的手势多用来表达激昂、兴奋等情感。

（2）中区（肩部至腰部）。出现在该区域的手势一般不带有浓厚的情感色彩，多用来表达比较平静的情感。

（3）下区（腰部以下）。出现在该区域的手势多用来表达不屑、厌烦、反对、失望等消极情感。

一、使用手势的基本原则

使用手势时，应遵循以下基本原则：

（1）正确。只有正确使用手势，才能使他人准确理解其中的含义。例如，前厅服务员在指引客人向左走时，不能使用指引客人向右走的手势（见图 5-17）。

图 5-17　指引客人向右走的手势

使用手势的基本原则

（2）自然。动作应从容、优雅，符合大众审美，以免损害自身形象。

（3）适度。手势既不能过多，也不能过少。手势过多，会给人以惺惺作态的感觉；手势过少，会给人以枯燥无味、缺乏活力的感觉。

（4）协调。应做到以下三点：① 手势与情感协调，手势的幅度、力度与情感的强烈程度成正比；② 手势与话音协调，与话音保持同步；③ 手势与身体其他部位协调，如与姿态、表情等密切配合。

（5）因人而异。在使用手势时，应考虑他人的年龄、身份、受教育程度、文化背景等，避免让对方误解。

同步案例

手势引发的误会

有一天，小肖参加了语文考试。

考完回家后，90 多岁的曾祖母问他：“今天考得怎么样啊？”小肖说自己考得挺好，还朝曾祖母比了个“V”字形手势。曾祖母不懂该手势的意思，说道：“哦，这孩子学习不行，只考了 2 分。”

第二天，小肖参加了数学考试。

考完回家后，曾祖母又问：“孩子，你今天考得怎么样啊？”小肖数学也考得挺好的，就朝曾祖母做了一个“OK”的手势。曾祖母也不懂该手势的意思，叹了口气，说道：“哎，这孩子学习真不行，今天居然考了个零蛋，还不如昨天呢。”

二、常用的手势

在职场中，常用的手势有指引手势、递（接）物手势、示物手势、挥手手势、鼓掌手势等。

（一）指引手势

常见的指引手势有横摆式指引手势和斜臂式指引手势。

1．横摆式指引手势

横摆式指引手势（见图 5-18）主要用来为他人指引方向。横摆式指引手势的要领如下：① 保持规范的站姿；② 左手放于腹部、身后腰部或垂放于身侧；③ 右手从身侧抬起，大臂与小臂成 90°左右，小臂与地面平行；④ 右手手掌与地面成 45°。

图 5-18　横摆式指引手势

2．斜臂式指引手势

斜臂式指引手势（见图 5-19）主要用来为他人指引坐下或放东西的位置。斜臂式指引手势的基本要领如下：① 保持规范的站姿；② 左手放于腹部、身后腰部或垂放于身侧；③ 右手从身侧抬起，大臂与小臂成 160°；④ 右手手掌与地面成 45°；⑤ 上身微微前倾，目光与手势所指方向保持一致。

图 5-19 斜臂式指引手势

（二）递（接）物手势

递（接）物手势（见图 5-20）的要领如下：① 双手递送或接取物品，当不方便使用双手时，也可单用右手，但切忌单用左手，否则会被视为无礼；② 目视对方，面带微笑；③ 保持动作平缓，切忌忙手忙脚。

图 5-20 递（接）物手势

小贴士

递送有正反面之分的物品时，要使其正面朝上；递送尖锐或其他易于伤人的物品时，要使其尖锐部分朝向自己或他处，切忌朝向对方。

（三）示物手势

示物手势（见图 5-21）的要领是在身体的一侧展示物品，切忌让其挡住自己的头部。当在众人面前展示物品，以满足众人的好奇心时，可将物品举至高于双眼之处；当想让对方看清所展示的物品时，可将物品举至低于双眼、高于胸部之处；当展示不太重要的物品时，可将物品举至低于胸部、高于腰部之处。

图 5-21 示物手势

（四）挥手手势

挥手手势（见图 5-22）主要用来向他人打招呼或道别。挥手手势的要领如下：① 左手从身侧抬起，大臂与小臂成一定角度；② 左手掌心朝外，指尖朝上；③ 左臂轻轻摆动。

（五）鼓掌手势

鼓掌手势（见图 5-23）主要用来向他人表达赞赏、祝贺、鼓励、欢迎等。鼓掌手势的要领是用一只手的掌心有节奏地轻拍另一只手的掌心，切忌两掌互相拍击，且鼓掌时不宜戴手套。

图 5-22 挥手手势

图 5-23 鼓掌手势

三、常见的不良手势

职场人士应避免使用以下不良手势：

（1）指指点点。切忌随意用手指指着他人，以免给人留下傲慢、无礼的印象。

（2）摆弄手指（见图 5-24）。切忌随意摆弄自己的手指，以免给人留下散漫、不严肃的印象。

（3）勾手指（见图 5-25）。切忌朝他人勾手指，以免给人留下轻佻的印象。

（4）抚摸身体。切忌在公共场合用手搔头、摸脸、擦眼、抠鼻、剔牙等，以免给人留下不讲究个人卫生的印象。

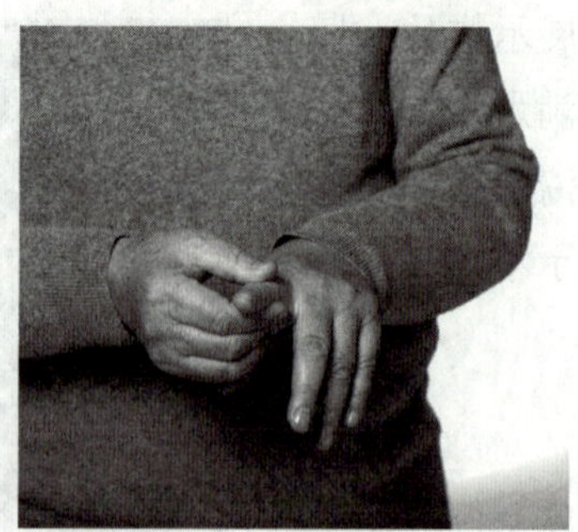
图 5-24　摆弄手指

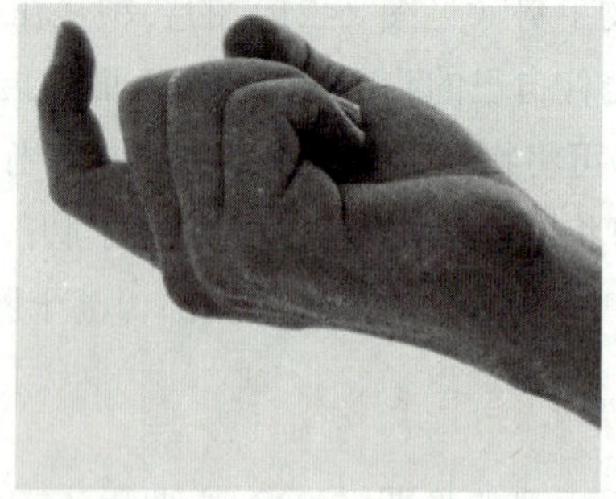
图 5-25　勾手指

探索与交流

问题一：你还知道哪些常见手势？教师挑选几名学生在课堂上展示自己熟悉的手势，并说明该手势所代表的含义。

问题二：如果你是本任务“案例导入”中的小郑，你会如何清点人数？

班级__________ 姓名__________ 学号__________

任务实施——手势模拟训练

1. 任务描述

在餐厅服务员、酒店大堂经理、空乘人员、教师、银行职员等职业中任选其一，根据所选职业的特点和要求，设定一个需要使用大量手势的情景，然后进行情景模拟。

2. 任务目的

（1）掌握使用手势的基本原则。

（2）熟悉常用的手势。

（3）了解常见的不良手势。

3. 寻找伙伴

寻找 3～5 名伙伴组成一个小组，从中选出组长，由组长进行任务分工，然后将相关信息填入表 5-4 中。

表 5-4 小组成员及分工情况

班级		职业		指导教师	
小组成员	姓名	学号	任务分工		
组长					
组员					

4. 知识储备

在训练手势前，需要回答以下问题。

问题 1：使用手势的基本原则有哪些？

问题 2：常用的手势有哪些？

问题 3：常见的不良手势有哪些？

班级＿＿＿＿＿＿　　姓名＿＿＿＿＿＿　　学号＿＿＿＿＿＿

5．模拟练习

（1）根据所选职业的特点和要求，设定一个需要使用大量手势的情景，并将其填入表 5-5 中。

（2）在组内进行情景模拟，并将自己在模拟过程中使用的手势填入表 5-5 中。

（3）组内成员就情景模拟过程中的手势使用情况相互点评。

（4）将他人对自己手势使用情况的评价填入表 5-5 中，并根据该评价制订纠正自己错误手势的措施。

表 5-5　模拟练习记录表

项目	具体内容
所设定的情景	
自己在模拟过程中使用的手势	
他人对自己手势使用情况的评价	
纠正错误手势的措施	

6．情景模拟与考核评价

进行情景模拟，教师根据每名学生手势的使用情况和表 5-6 中的内容进行评价。

表 5-6　考核评价表

项目	评价内容	分值	教师评分
专业能力	理解本任务重要知识点	20	
	手势使用正确	25	
	情景模拟的整体效果好	25	
职业素养	言谈举止优雅、得体	15	
	语言组织能力强，字迹工整，书面整洁	15	
合　计		100	
综合评语		教师（签名）：	

任务三　合理展现面部表情

案例导入

某日，一家餐厅里客人满座，服务员穿梭于餐桌和厨房之间，忙得不亦乐乎。这时，一名服务员向餐厅肖经理汇报，说有客人投诉有盘蛤蜊不新鲜，吃起来有异味。

肖经理不慌不忙地向投诉客人的餐桌走去。一看，投诉者是老顾客章先生。肖经理心中有了底，迎上前去一阵寒暄："章先生，今天是什么风把您给吹来了？听服务员说今天的蛤蜊不太对您胃口……"章先生打断他，说道："并非不对我的胃口，而是我请来的客人尝了这盘蛤蜊后说有异味，是变了质的海鲜，不能吃！我可是东道主，自然要向你们提意见。"

肖经理听后微笑着向章先生解释道："蛤蜊不是鲜货，味道可能有些不纯正，但吃了不要紧的，希望您和您的客人多多包涵。"

在座的那位客人突然站起来，愤怒地说道："我们吃了变了质的海鲜，亏你还笑得出来！我们拉肚子怎么办？我要去投诉你！"

这突如其来的兴师问罪，让肖经理脸上的微笑僵住了，他心想："微笑服务是酒店员工的基本工作准则，这位客人显然是误会了我的用意，我应向其解释清楚。"于是，肖经理仍旧微笑着准备解释。不料，这一笑更加惹怒了这位客人，该客人甚至要动手打人。

请思考：

（1）在这次事件中，产生误会的主要原因是什么？

（2）职场人士在展现笑容时，应注意哪些事项？

相关知识

面部表情是指由人面部的一个或多个肌肉的运动所形成的动作或状态。面部表情是人的思想情感和内在情绪的外在表现，是人们在人际交往中相互沟通的形式之一。人们用面部表情表达情感时，目光（见图 5-26）和笑容（见图 5-27）是最具表现力的。

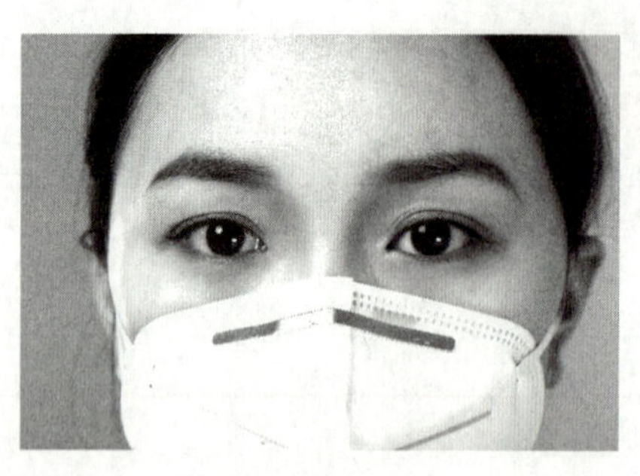

图 5-26 目光

图 5-27 笑容

小贴士

心理学家艾伯特·梅拉比安认为，人的情感信息表达效果=7%的书面语言+38%的音调+55%的面部表情。

一、目光

目光是面部表情的核心，能够生动地反映一个人的心理活动。在人际沟通中，目光坦诚、亲切、友善、炯炯有神，才能树立良好的个人形象。

注视他人时，应注意以下事项。

（一）注视的方式适当

与他人交流时，最好平视或仰视对方，以示平等或尊敬。

（1）平视对方：顺着水平方向看向对方。这种注视的方式适用于在普通场合与身份、地位相当的人进行交流。

（2）仰视对方：抬头仰望对方。这种注视的方式可用来表示对他人的尊敬和信任。

小贴士

在职场中，切忌俯视、斜视、扫视、盯视他人。俯视会给人以傲慢自大的感觉，斜视会给人以轻佻的感觉，扫视会给人以轻视、挑衅的感觉，盯视会让人产生心理压力或感到紧张。

（二）注视的部位恰当

与他人交流时，应根据不同情况注视不同的部位。

（1）注视眼睛。当问候对方、听取其建议、征求其意见、与其道别时，应注视对方

的眼睛；若交流时间较长，可将目光落至对方的双眼一额头中部所形成的三角区域内，以示认真和尊重。

（2）注视面部。在普通社交场合（如茶话会，见图 5-28）下，宜将目光移至对方的双眼一下巴所形成的倒三角区域内，以给人带来一种平等、轻松的感觉。

图 5-28 茶话会

（3）注视全身。当与他人相距较远时，一般应注视其全身。

（三）注视的时长适宜

一般而言，注视对方的时间宜占与之相处时间的 30%～60%，以示友好和尊重。若注视时间少于相处时间的 30%，则易让对方觉得被轻视；若注视时间超过相处时间的 60%，则易让对方觉得被挑衅。

小贴士

可使用以下方法训练眼睛，使目光炯炯有神：

（1）注视点集中训练法：点上一支蜡烛，将注视点放在蜡烛的火苗上，并使目光随火苗来回移动。

（2）眼球转动训练法：保持头部稳定，让眼球沿顺时针转动后，再沿逆时针转动，以提高眼球的灵活性。

（3）影视剧观察训练法：观看优秀影视剧，学习剧中的人物通过目光表达情感的技巧，然后尝试运用该技巧。

二、笑容

笑容是一种传递快乐、表达友好情感的面部表情，是人际沟通中的润滑剂，有助于克服交际障碍，营造良好的沟通氛围。职场人士在工作中应面带笑容，以体现良好的修养和宽广的胸怀。

（一）笑容的基本类型

合乎礼仪的笑容主要有以下三种：

（1）含笑（见图 5-29）：不出声、不露齿，只是面带笑意，以示友好。

（2）微笑（见图 5-30）：嘴角略微上翘，唇部略呈弧形，牙齿半露，面带笑意。服务人员在提供服务时，应保持微笑。

（3）轻笑（见图 5-31）：嘴巴微微张开，嘴角上扬，上齿显露，但不发出笑声，以示欣喜、愉快。

图 5-29　含笑

图 5-30　微笑

图 5-31　轻笑

（二）展现笑容时的注意事项

展现笑容时，应注意以下事项：

（1）把握时机。宜在与对方目光接触的瞬间展现笑容，以示友好。

（2）把握层次变化。在整个交流过程中，应在不同时候展现不同的笑容，使笑容富于层次变化。如果始终保持同一笑容，自己的面部表情就会显得僵硬、呆板，从而有可能被对方认为是傻笑。

（3）区分场合。不同的笑容可以表达不同的态度和情感，并会产生不同的影响。因此，应在不同场合展现不同的笑容。但是，不是所有场合都适合展现笑容。例如，当他人遭受重大打击时，不宜露出笑容；参加葬礼时，应保持肃穆的神情，不宜露出笑容。

（4）保持自然。人们在违背自己意志的情况下所露出的笑容会显得不自然。因此，在展现笑容时，应发自内心，做到表里如一。

（5）保持协调。应将笑容与举止、谈吐相结合，使各方面相得益彰，从而形成统一、和谐的美。

探索与交流

小谭从小就爱笑，一遇到开心的事就忍不住大笑。毕业后，她应聘到一家酒店成为一名前厅服务员。有一次，在与一位客人交谈时，小谭觉得十分高兴，就放声大笑起来。

事后，她受到了领导的批评。

2人一组，讨论小谭的做法是否合适。若不合适，请说明理由。

（三）展现笑容时的禁忌

展现笑容时，应注意以下禁忌：

（1）假笑：皮笑肉不笑。这种笑会给人以虚伪的感觉。

（2）冷笑：含有讽刺、不满意、无可奈何、不屑、不以为然等意味或怒意的笑。这种笑会使对方产生敌意。

（3）怪笑：笑得怪声怪气。这种笑多含恐吓、嘲讽之意，易使人反感。

（4）媚笑：有意妩媚地笑，以取得他人欢心。这种笑多带有功利性目的。

（5）窃笑：偷偷地笑。这种笑多含洋洋自得、幸灾乐祸之意。

（6）怯笑：笑时以手掌遮掩嘴巴，不敢与他人进行目光交流。这种笑多含害羞之意。

（7）狞笑：笑时面目凶恶。这种笑丝毫没有美感可言，多用于表示愤怒或用来恐吓他人。

小贴士

可使用以下方法训练微笑：

（1）对镜微笑训练法：端坐镜前，轻闭双唇，微微翘起嘴角，半露牙齿，舒展面部肌肉，同时注意目光的配合，如此反复多次。

（2）含筷训练法：选用一根洁净、光滑的筷子，将其横放在嘴中，然后用牙齿轻轻咬住筷子，并保持该姿势不变。

（3）情绪诱导训练法：设法寻求外界事物的刺激，以引起愉悦的情绪，从而露出微笑。例如，阅读喜欢的书籍，翻看相册，回想过去幸福生活的片段，播放喜欢的音乐等，以使人感到高兴，从而露出微笑。

敬业乐业

在平凡岗位守好“微笑服务”初心

“瓷都青花女子班”是景婺黄高速景德镇北收费站（见图5-32）的女子特色收费班组。自2012年组建以来，该班组先后被授予“全国五一巾帼标兵岗”、江西省高速公路集团“巾帼建功先进集体”和“为民服务示范岗”等荣誉称号，班组成员多次被景德镇管理中心授予“微笑服务之星”荣誉称号。如今，“瓷都青花女子班”已成为景婺黄高速最具代表性的文化名片之一。

图 5-32　景德镇北收费站

相比其他班组，“瓷都青花女子班”的服务标准更严格。景德镇管理中心不仅为该班组制订了微笑服务工作管理办法、考核办法和奖惩办法，还规定了班组成员的微笑服务标准。

此外，“瓷都青花女子班”的班组成员对自身也有更高的要求。下班后，姑娘们总要抽出两个小时苦练坐姿、站姿、行姿、手势、微笑等基本功，特别是微笑。为了达到最佳效果，她们常常嘴咬一支笔，头顶一本书，一笑就是半个多小时，经常笑到脸部僵硬，腮帮子酸痛。与此同时，她们还在收费岗亭里放置仪容镜，以时刻提醒自己在工作中保持微笑。

功夫不负有心人，付出就有回报。姑娘们的良好形象和微笑服务给过往的司机及乘客留下了深刻的印象。有位司机说：“这里的收费员不但人长得漂亮，服务好，笑得也甜，从这里上下高速，心情好。”实践证明，微笑服务不但能缩短司机及乘客与收费员之间的心理距离，而且能让彼此产生情感共鸣，尤其是在发生矛盾时，微笑服务更是消除司机及乘客不满情绪的有效方式。

面对各种困难，“瓷都青花女子班”始终能够做到不卑不亢，微笑以对，并耐心解释收费政策，用真诚的服务换取司机及乘客的理解和尊重。近年来，该班组的客户满意率达到了 100%。

资料来源：http://jx.people.com.cn/n2/2021/0414/c186330-34673931.html，有改动

班级________ 姓名________ 学号________

任务实施——面部表情模拟训练

1. 任务描述

在餐厅服务员、酒店大堂经理、空乘人员、教师、银行职员等职业中任选其一，根据所选职业的特点和要求，设定一个服务情景，然后进行情景模拟。

2. 任务目的

（1）掌握注视他人时的注意事项。

（2）熟悉笑容的基本类型。

（3）掌握展现笑容时的注意事项。

（4）熟悉展现笑容时的禁忌。

3. 寻找伙伴

寻找 3～5 名伙伴组成一个小组，从中选出组长，由组长进行任务分工，然后将相关信息填入表 5-7 中。

表 5-7 小组成员及分工情况

<table>
<tr><td>班级</td><td></td><td>职业</td><td></td><td>指导教师</td><td></td></tr>
<tr><td>小组成员</td><td>姓名</td><td>学号</td><td colspan="3">任务分工</td></tr>
<tr><td>组长</td><td></td><td></td><td colspan="3"></td></tr>
<tr><td rowspan="4">组员</td><td></td><td></td><td colspan="3"></td></tr>
<tr><td></td><td></td><td colspan="3"></td></tr>
<tr><td></td><td></td><td colspan="3"></td></tr>
<tr><td></td><td></td><td colspan="3"></td></tr>
</table>

4. 知识储备

在训练面部表情前，需要回答以下问题。

问题 1：注视他人时，应注意哪些事项？

问题 2：展现笑容时，应注意哪些事项？

问题 3：展现笑容时，应注意哪些禁忌？

班级＿＿＿＿＿＿ 姓名＿＿＿＿＿＿ 学号＿＿＿＿＿＿

5．模拟练习

（1）根据所选职业的特点和要求，设定一个服务情景，并将其填入表 5-8 中。

（2）在组内进行情景模拟，并将自己在模拟过程中展现的面部表情填入表 5-8 中。

（3）组内成员就情景模拟过程中的面部表情展现情况相互点评。

（4）将他人对自己面部表情展现情况的评价填入表 5-8 中，并根据该评价制订自己面部表情管理的措施。

表 5-8 模拟练习记录表

项目	具体内容
所设定的情景	
自己在模拟过程中展现的面部表情	
他人对自己面部表情展现情况的评价	
面部表情管理的措施	

6．情景模拟与考核评价

进行情景模拟，教师根据每名学生面部表情的展现情况和表 5-9 中的内容进行评价。

表 5-9 考核评价表

项目	评价内容	分值	教师评分
专业能力	理解本任务重要知识点	20	
	能灵活运用目光与笑容	25	
	情景模拟的整体效果好	25	
职业素养	言谈举止优雅、得体	15	
	语言组织能力强，字迹工整，书面整洁	15	
合　计		100	
综合评语		教师（签名）：	

学习成果自测

1. 填空题

（1）姿态是一种________，不仅反映了一个人的外表，还反映了其内在涵养。

（2）“________”是坐姿的总体要求。

（3）行姿的要领包括________、________、________、________。

（4）________是面部表情的核心，能够生动地反映一个人的心理活动。

2. 单项选择题

（1）（　　）站姿多为男性使用。

A.“丁”字步式　　B. 体后背手式

C. 体前交叉握手式　　D. 双臂侧放式

（2）（　　）指引手势主要用来为他人指引坐下或放东西的位置。

A. 斜臂式　　B. 横摆式

C. 递（接）物式　　D. 横放式

（3）（　　）不属于展现笑容时的禁忌。

A. 假笑　　B. 冷笑

C. 媚笑　　D. 含笑

3. 案例分析题

住店客人杨先生外出后，其好友周先生来拜访他，并要求进他房间等候。由于杨先生事先并未嘱咐相关事宜，总台服务员小徐没有答应周先生的要求。杨先生回来后，对小徐拒绝周先生的行为十分不满，并与小徐发生了争执。

大堂副理小王闻讯赶来，刚要开口解释，怒气正盛的杨先生就言辞激烈地指责起她来。小王心里很清楚，在这种情况下做任何解释都是毫无意义的，还会导致客人情绪更加激动。于是，她默默无言地看着杨先生，让其尽情地发泄心中的不满，脸上则始终保持着微笑。

直到杨先生平静下来，小王才心平气和地告知其酒店的有关规定，并向其表示歉意。杨先生觉得小王十分有诚意，最终接受了她的道歉。

请问杨先生为什么觉得小王十分有诚意？

学习成果评价

请进行学习成果评价，并将评价结果填入表 5-10。

表 5-10　学习成果评价表

班级		姓名		学号	
评价项目	评价内容	分值	评分		
			自我评分	教师评分	
知识 40%	站姿的要领、常用的站姿和常见的不良站姿	5			
	坐姿的要领、常用的坐姿和常见的不良坐姿	5			
	行姿的要领和常见的不良行姿	5			
	蹲姿的要领、常用的蹲姿和常见的不良蹲姿	5			
	使用手势的基本原则	4			
	常用的手势	4			
	常见的不良手势	4			
	目光的运用技巧	4			
	笑容的运用技巧	4			
技能 40%	能保持良好的姿态	20			
	能正确使用手势	10			
	能合理展现面部表情	10			
素养 20%	积极参加教学活动，遵守课堂纪律	5			
	具备良好的学习态度	5			
	认真完成任务实施	5			
	主动与他人合作与沟通	5			
合　计		100			
总分（自我评分×40%+教师评分×60%）					
自我评价					
教师评价					

项目六

社交礼仪

项目引言

社交礼仪是人们在社会交往活动中形成的应共同遵守的行为规范。社交礼仪既是一门学问，又是一门艺术。在职场中，人们会通过一个人对社交礼仪的运用情况来判断其情商、素养的高低及见识是否广博。掌握规范的社交礼仪，有助于塑造良好的个人形象，建立、维护和改善人际关系，并为人际沟通营造和谐、融洽的气氛。

本项目将围绕见面礼仪、接访礼仪和餐饮礼仪，介绍与社交礼仪有关的知识。

知识目标

- 学会运用见面礼仪。
- 学会礼貌地接待或拜访他人。
- 学会得体用餐。

素质目标

- 了解中国古代"名片"的进化史，深入认识源远流长、博大精深的中华文明，坚定文化自信。
- 了解中国古代的饮茶礼仪，感受中华文明的风采，传承中华优秀传统文化。

任务一 掌握见面礼仪

案例导入

小陶大学毕业后应聘到某企业人力资源部工作。入职第一天，部门负责人沈经理带小陶熟悉环境，并介绍部门的同事给她认识。沈经理将小陶带到一位同事面前，告诉小陶以后就跟着这位同事学习。小陶恭敬地称该同事为老师。该同事连忙摇头说：“大家都是同事，别那么客气，直接叫我名字就可以了。”小陶仔细想了想，觉得叫老师显得过于生疏，但是直接叫名字又显得不尊重，一时之间不知道该怎么称呼对方才比较合适。

请思考：

（1）小陶应如何称呼这位同事？

（2）称呼他人时应注意哪些事项？

相关知识

见面礼仪是最基础、最常用的社交礼仪，人与人交往都会用到见面礼仪。职场人士，尤其是服务行业的工作人员，运用规范的见面礼仪，能够给他人留下良好的第一印象，从而为之后顺利开展工作奠定良好的基础。见面礼仪主要包括称呼礼仪、介绍礼仪、握手礼仪、名片礼仪等。

一、称呼礼仪

称呼礼仪是指称呼他人时应遵守的行为规范，它是人际交往中不可或缺的一种礼仪。人际交往的顺利进行，往往是从恰当、友好的称呼开始的。职场人士必须掌握如何正确、礼貌地称呼他人。

（一）常用的称呼方式

1. 泛尊称

泛尊称是指对社会各界人士都可以使用的表示尊重的称呼。其中，对男性一般称“先生”，对女性一般称“女士”“小姐”“太太”“夫人”。泛尊称几乎适用于所有社交场合。

泛尊称可以和姓名、姓氏或职业称呼组合在一起，并在正式场合使用，如“张晓女士”“苏先生”“秘书小姐”等。

小贴士

近年来，人们会把一些行为不良的女子也称“小姐”，使得“小姐”这一称呼的含义有所变化，年轻女性一般不喜欢该称呼。因此，面对年轻女性时，应慎用该称呼。

2. 职业称呼

对于职场人士，可以将对方的职业作为称呼，如“律师”“医生”等；也可在职业前面加上姓氏或姓名，如“张律师”“王青医生”等。以职业来称呼对方，有尊重对方的劳动和职业之意。

3. 职位称呼

职位称呼是指以对方的职位相称，如“经理”“校长”等。如果在职位前冠以姓氏（如“曲经理”“赵校长”等），往往可显示出对对方地位的熟知和肯定。

4. 姓名称呼

在一般场合下，相熟的人之间可直接称呼对方的姓名或姓氏。中国人为表示亲切，还习惯在被称呼者的姓前加上“老”“大”或“小”等字，而免称其名，如“老蔡”“大林”“小朱”等。对于关系更加亲密者，往往不称其姓，而直呼其名，如“欣怡”“浩翔”等。需要注意的是，在服务工作中，不宜使用姓名称呼。

除以上称呼方式外，在人际交往中，还能以“你”“您”等第二人称代词相称，亲属之间能以“叔叔”“阿姨”“姐姐”“哥哥”等相称。

小贴士

称呼对方时，应注意语气和语速，如果语气不当或语速过快，就会让对方感觉不受尊重。此外，不论采用哪种称呼方式称呼对方时，都必须用目光与其保持交流，并面带微笑；否则，会使对方感觉缺乏诚意。

（二）称呼他人时的礼仪规范

称呼他人时，应遵守以下礼仪规范。

1. 称呼多人时应有礼有序

一般而言，称呼多人时，应按照先疏后亲、先长后幼、先女后男、先上级后下级的顺序进行。

2. 避免称呼错误

称呼他人时，切忌犯以下两种错误：① 误读，即读错他人姓名，如将姓氏“单（shàn）”

读作“dān”；② 误会，即错误判断他人的年龄、辈分、婚姻状况等而导致称呼错误，如称未婚女性为“夫人”。避免称呼错误的主要方法是事先积极查证、了解被称呼者的基本情况，或临时谦虚地请教对方。

称呼他人时的礼仪规范

3. 切忌使用不通行的称呼

有些称呼具有一定的地域性。例如，中国人一般称配偶为“爱人”，但该称呼在某些国家是情人（特指情夫或情妇）的意思。使用不通行的称呼容易引起他人的误解，因此，在称呼他人之前，一定要了解被称呼者当地的风俗习惯，然后选用正确、恰当的称呼。

4. 切忌称呼他人的绰号

在人际交往中，切忌随意称呼他人的绰号，尤其不可称呼他人因生理缺陷而被取的绰号，如“秃子”“四眼”“肥肥”等。

小贴士

对于那些因个人独特的风格、特长而获得雅致绰号的人，适当称呼其绰号反而会显得富有情趣，并使其感觉备受重视。

5. 避免使用语音不当的称呼

有些姓氏和职位搭配时，其语音容易使人产生误会或陷入尴尬局面。例如，称姓付的经理为“付经理”，会使外人误认为其担任的是副职；称姓贾的局长为“贾局长”，会使外人误认为其是“冒牌”局长；称姓钱的校长为“钱校长”，会使外人误认为其是前任校长。遇到这类语音不当的称呼时，可去其姓氏而直接称其职位。

6. 避免使用庸俗的称呼

庸俗的称呼是指不适合在正式场合使用的称呼，如“兄弟”“哥们儿”“姐们儿”等。在职场中，应尽量避免使用这类称呼。

探索与交流

判断下列称呼方式是否符合礼仪规范。若不符合，请使用符合礼仪规范的称呼方式进行情景模拟。

（1）小冯想去美术馆，但他不知道具体路线，于是向路边的一位老大爷打听：“老头儿，美术馆怎么去啊？”

（2）某酒店客房服务员小方在上班路上碰到了部门经理，小方微笑着向其打招呼：“贾经理，早上好！”

（3）某酒店前厅服务员小袁在接待一位外国女性客人时，见其年龄在40岁左右，想当然地认为其是已婚人士，于是说道：“史密斯太太，请您往这边走。”

（4）某公司员工小贺喜欢与同事开玩笑，每次见到身材较胖的小夏时，他总会戏谑地说道："胖妹，又见面了。"

二、介绍礼仪

介绍是人与人相互认识并建立联系的重要方式之一。介绍包括介绍自己和介绍他人两种情形。

（一）介绍自己

介绍自己是指将自己介绍给他人。下面主要阐释介绍自己的场合、顺序、方式和介绍自己时应遵守的礼仪规范。

1. 介绍自己的场合

一般而言，在以下场合需要介绍自己：① 应聘时，向面试官介绍自己，如图 6-1 所示；② 参加会议时，向与会人员介绍自己；③ 因业务需要与人接洽时，向相关人员介绍自己；④ 遇到自己知晓或久仰的人士而对方不认识自己时，向其介绍自己；⑤ 参加宴会而主人无法一一介绍出席人员时，向周围的人介绍自己，如图 6-2 所示。

图 6-1 向面试官介绍自己

图 6-2 向参加宴会的人介绍自己

2. 介绍自己的顺序

介绍自己时，应遵循以下顺序：① 职位低者与职位高者相见时，职位低者先向对方介绍自己；② 男性与女性相见时，男性先向对方介绍自己；③ 晚辈与长辈相见时，晚辈先向对方介绍自己；④ 资历较浅者与资深人士相见时，资历较浅者先向对方介绍自己；⑤ 未婚者与已婚者相见，未婚者先向对方介绍自己。

3. 介绍自己的方式

介绍自己的方式可分为工作式、交流式、应酬式和礼仪式，如表 6-1 所示。

表 6-1　介绍自己的方式

介绍方式	适用场合	介绍目的	介绍内容	举例
工作式	工作场合	与对方建立工作关系	包括本人姓名、工作单位、所属部门、职位、从事的具体工作	“你好，我是张明，是××广告公司的公关经理。”
交流式	各类社交场合，如联谊会现场	使对方认识自己、了解自己，希望与对方进一步沟通	包括本人姓名、职业、籍贯、学历、爱好、与对方共同认识的人等	“你好，我是柳云，是一名医生。陈雨是我的老乡，我们都是湖北武汉人……”
应酬式	一般性的社交场合，如旅途中、宴会上	向对方表示友好	只包括本人姓名	“你好，我是余芳。”
礼仪式	比较正式、隆重的场合，如讲座现场、报告会现场、庆典活动现场	向对方表示友好、敬意	包括本人姓名、工作单位、所属部门、职位等，还可适当加一些谦辞、敬语	“各位来宾，大家好！我是顾清，是××科技公司的总经理。我代表本公司热烈欢迎大家光临此次展览会，希望大家……”

4. 介绍自己时的礼仪规范

介绍自己时，应遵守以下礼仪规范：

（1）把握时机。选择合适的时机，如在对方独处时，向其介绍自己，这样通常能获得较好的效果。若在对方正忙于工作或正与他人交谈时向其介绍自己，则有可能打断或打扰对方，效果一定不理想。此外，当对方心情欠佳或疲惫不堪时，也不应贸然上前介绍自己。

（2）讲究态度。保持真诚、友善、亲切、随和的态度，做到语气自然、语速正常、语音清晰，从而展现出自信大方、彬彬有礼的风采。

小贴士

介绍自己时，若出现结结巴巴、眼神飘忽不定、面红耳赤等情况，则会给人以胆小怯懦、缺乏自信、缺少经验的感觉。

（3）注意时间。力求言简意赅，尽可能地节省时间，一般以半分钟为佳，最长不宜超过一分钟。介绍时间过长，会显得自己太啰唆，而且对方未必记得住，也未必感兴趣。

（4）善用技巧。介绍自己前，应先向对方点头致意，得到回应后再向其介绍自己。此外，介绍自己时，应善于用目光表达自己的友善态度和沟通意愿。

（5）实事求是。介绍自己的真实情况，切忌自吹自擂，夸大其词。

探索与交流

小雷和小杜是某高校英语专业的应届毕业生，他们两人顺利通过笔试，进入了某外贸公司的面试环节。在面试现场，面试官让他们分别做一个简单的自我介绍。

小雷介绍道："我叫雷××，今年22岁，刚从××大学英语专业毕业，在校期间担任过院学生会外联部部长，并参加过多次社会实践活动，曾获得优秀新生奖学金和国家奖学金，也曾被评为'优秀学生干部'和'优秀毕业生'。我出生于浙江，成长于广东，父母均是高级工程师。我性格开朗，做事一丝不苟，社交能力较强，喜欢听音乐、看电影和旅游。希望能够进入贵公司工作。"

小杜介绍道："我的基本情况在简历上已经介绍得很详细了，因此我不做赘述，只简单说明两点：一是我的英语口语不错，我曾利用假期在旅行社做过兼职导游，带过外国旅游团；二是我的文笔较好，我曾在报刊上发表过六篇散文。希望有机会能够成为贵公司的一员。"

自我介绍结束后，小杜给面试官留下了较好的印象，并最终被聘用。

2人一组，讨论在上述情景中，小雷的自我介绍存在哪些问题，然后说出正确的做法。

（二）介绍他人

介绍他人是指由第三方引见彼此不相识的双方。一般而言，具有以下身份的人适合充当介绍人：① 社交活动中的东道主或长辈；② 商务活动中的专职人员，如公关人员、文秘人员、礼宾人员等；③ 庆典活动中地位较高者或庆典活动的主要负责人。

1．介绍他人的顺序

若被介绍的双方都是个人，则介绍的顺序为：① 先将男性介绍给女性；② 先将晚辈介绍给长辈；③ 先将职位低者介绍给职位高者；④ 先将后到者介绍给先到者；⑤ 先将客人介绍给主人。

若被介绍的其中一方人数众多，则一般应按照职位高低的顺序依次介绍；若被介绍的人没有明显的职位高低或长幼之分，则应按照顺时针或逆时针方向依次介绍。

2．介绍他人的方式

介绍他人的方式可分为标准式、简单式、引见式、推荐式和礼仪式，如表6-2所示。

表6-2　介绍他人的方式

介绍方式	特点	举例
标准式	介绍双方的姓名、工作单位、所属部门、职位等	"请允许我来为两位引见一下。这位是××化妆品公司营销部经理韩女士，这位是××集团副总裁江仁先生。"
简单式	只介绍双方的姓名，有时甚至只提及双方的姓氏	"我来为大家介绍一下。这位是谢先生，这位是沈小姐。"

（续表）

介绍方式	特点	举例
引见式	将被介绍双方引到一起即可，无须做过多介绍	“两位认识一下吧。大家都毕业于同一所大学，只是不是同一个专业。接下来，请你们自己聊吧。”
推荐式	重点介绍被推荐者的优点	“这位是秦峰先生，这位是××广告公司董事长薛林先生。秦先生是管理学专家，薛先生也颇有心得。”
礼仪式	语言表达更加恭敬	“孙女士，您好！请允许我将××科技公司的营销部经理严翔先生介绍给您。严先生，这位就是××集团人力资源部经理孙晓女士。”

3．介绍他人时的礼仪规范

介绍他人时，应遵守以下礼仪规范：

（1）了解意愿。介绍他人前，最好先了解被介绍双方是否有相互结识的意愿，切忌冒昧引见。

（2）注意姿势。介绍他人时，应站在被介绍双方的中间，面带微笑，抬起右臂，保持掌心向上，并拢四指，张开拇指，手指向被介绍的一方，并用目光注视另一方，然后开始介绍，如图 6-3 所示。

图 6-3　介绍他人的姿势

同步案例

冒失的小贺

小贺是某广告公司的业务员。有一次，小贺陪同自己的上司曹经理去拜访客户徐总。由于小贺和徐总见过几次，双方一见面，小贺就指着徐总对曹经理说道：“曹经理，他就是徐总……”

说者无心，听者有意。听到小贺的话，徐总微微皱了皱眉头，在接下来的谈话中也表现得十分冷淡，最终双方并未达成合作事宜。小贺感到有些困惑，徐总之前都挺

好说话的，怎么这次会如此冷淡。

在回公司的路上，曹经理语重心长地对小贺说道："小贺，你以后得好好学习一下介绍礼仪。你在向我介绍徐总前，没有征求他的意见，有些冒失了。此外，由于我们是上门拜访，徐总就是主人，我们就是客人，应先向他介绍我。你的行为会让他觉得自己未受到尊重，结果也就可想而知了。"

听完曹经理的话，小贺恍然大悟，而且十分懊悔自己平时没有好好学习社交礼仪。

三、握手礼仪

大多数国家的人将握手视为一种习以为常的见面礼仪。握手表示的含义很多：见面时表示欢迎；告辞时表示惜别；也表示对他人的问候、感谢、慰问、祝贺和安慰等。

（一）握手的顺序

一般而言，握手的顺序主要取决于性别、职位和身份等。与他人握手时，应遵循"尊者为先"的规则。该规则具体如下：

（1）女性优先：女性伸出手后，男性才可伸手与之相握。

（2）职位高者优先：职位高者伸出手后，职位低者才可伸手与之相握。

（3）长辈优先：长辈伸出手后，晚辈才可伸手与之相握。

（4）先到者优先：先到者伸出手后，后到者才可伸手与之相握。

（5）迎送客时分先后：迎客时，主人应先伸手，主动与客人握手，以示欢迎；送客时，主人应待客人伸手握别时才可与之握手，否则有逐客之嫌。

（二）握手时的礼仪规范

与他人握手时，应遵守以下礼仪规范：

（1）使用正确的握手姿势。正确的握手姿势为：距离对方约一步（75 厘米左右）远，站好后，略微前倾上身，伸出右手并保持手掌与地面垂直，并拢四指，张开拇指，然后与对方的手相握，如图 6-4 所示。为了表示真诚和热情，可以握住对方的手上下轻摇几下。

图 6-4 正确的握手姿势

小贴士

与他人握手时，若掌心向下握住对方的手，会显示出强烈的支配欲望，给人以傲慢的感觉；相反，若掌心略微向上，则显示出谦虚与恭敬。与他人握手时，应避免采用掌心向下的方式。

（2）保持自然的神态。与他人握手时，应面带微笑，目视对方的眼睛，保持神态自然、热情、专注，以体现对对方的友好和尊重。

（3）使用适中的力度。握手的力度应适中，不可过大或过小。力度过大，会给人以粗鲁的感觉；力度过小，会给人以冷漠、缺乏热情的感觉。

（4）控制好握手的时间。握手的时间以 3～5 秒为宜，不可过短或过长。时间过短，会给人以敷衍的感觉；时间过长，特别是对于异性或初识者，可能会使对方误会或感到不快。

（5）男性与女性握手时，可只轻握女性的手指部分，如图 6-5 所示。

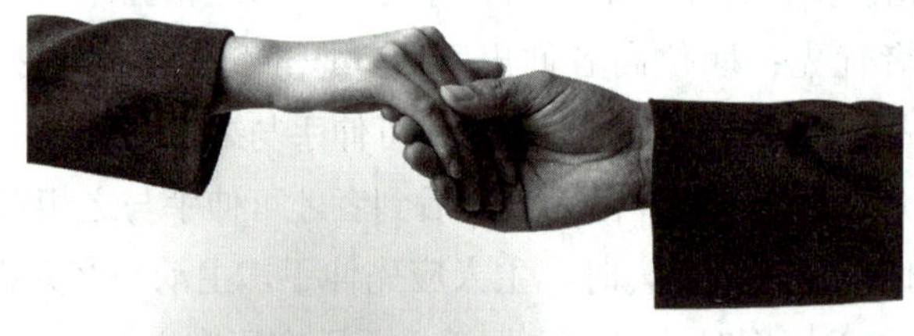

图 6-5　与女性握手

（6）不可用不洁净的手或戴着手套与他人握手，也不可在握手后有意无意地擦手。

（7）不可交叉握手，即在两人握手时，第三者不可将手臂从两人的手臂上方或下方伸过去与其他人握手。

（8）只要对方伸出手，在任何情况下都不可拒绝与之握手。

探索与交流

请起立，与你周围的同学握手，然后根据所学知识讨论双方在握手过程中是否遵守礼仪规范。讨论结束后，教师挑选几名学生展示正确的握手方式。

四、名片礼仪

名片是指交际时所用的向他人介绍自己的卡片，上面印着自己的姓名、工作单位、职位、联系方式等。名片能够表明个人的身份、体现个人的风格，而且使用方便，易于保存。

担任管理工作的职场人士、销售人员和市场调研人员通常应准备一定数量的名片，并将其放在专用的名片夹（见图 6-6）内，以便拿取。

图 6-6 名片夹

（一）递送名片

向他人递送名片时，应目视对方，面带微笑，用双手的拇指和食指分别握住名片上端的两角，然后将名片从胸前平推出去，递给对方，同时略道谦恭之语，如“谢总，这是我的名片，请多多关照”“魏先生，这是我的名片，希望以后保持联络”等。递送名片的正确姿势如图 6-7 所示。

图 6-7 递送名片的正确姿势

（二）接受名片

接受他人的名片时，应遵守以下礼仪规范：

（1）态度谦恭。接受他人的名片时，应放下手中的一切事务，起身相迎，面带微笑，点头致意，用双手的拇指和食指接住名片下端的两角，同时略道谦恭之语，如“很高兴认识您”“能收到您的名片，我深感荣幸”等。接受名片的正确姿势如图 6-8 所示。

图 6-8　接受名片的正确姿势

（2）认真阅读。接过他人的名片后，应将名片上的内容从头到尾默读一遍，并记住对方的姓名。如果名片上显示对方的职位较高或较重要，可轻声读出，以示尊重和敬佩。如果不明白名片上的某些内容，可当场请教对方。

（3）妥善存放。阅读他人的名片后，应将名片慎重地放入名片夹、上衣口袋或公文包内，以示尊重和珍视。切忌把玩、涂改他人的名片，或随意将其放在桌上、裤子口袋里。

同步案例

因忽视名片礼仪而错失生意

某科技公司市场部云经理在咖啡厅约见一位重要客户唐先生。双方见面后，唐先生恭敬地向云经理递上了自己的名片，并礼貌地说道："云经理，您好！这是我的名片。"云经理接过名片后草草地看了一眼，然后将其随意地放在了桌上，并开始与唐先生谈论合作事宜。

过了一会儿，服务员端来了咖啡。云经理端起咖啡喝了一口，然后将咖啡杯放在了唐先生的名片上。这一举动令唐先生十分不适，但云经理似乎并未意识到有何不妥之处。

在接下来的谈话中，唐先生并未与云经理就合作事宜进行实质性洽谈，而是礼貌地寒暄一阵后就托词告别了。

（三）回递名片

俗话说，来而不往非礼也。在接受了他人的名片后，应立即向对方回递一张自己的名片，否则会让对方误认为自己无意与之交往。若尚无名片、忘带名片或名片用完了，则应向对方做出解释，并致以歉意或告知对方改日补上。

源远流长

悠悠两千年，“名片”进化史

作为礼仪之邦，中国在古代就出现了与现代名片功能相似的物品。

在秦汉初期，人们用木块或竹块做成“谒”，上面写有自己的信息和拜访原因，然后将其投递到他人府上，方便对方接待来访者。由于该时期社会等级森严，“谒”只能为达官贵人所用，一般平民百姓不能使用。可以说，现代名片的雏形就是“谒”。

到了东汉时期，“谒”易名为“刺”。随着纸张的发明，“刺”也改用纸张制作，而且在使用上也没有秦汉初期那么严格的等级限制。据记载，东汉名士郭泰就经常收到“刺”，而且夸张到需要用车来装。

到了唐宋时期，“刺”易名为“门状”。该时期科举制度兴盛，每次科举考试结束后，那些新科进士、寒门书生就会四处拜访达官贵人，以期得到赏识和提携。要见到这些达官贵人，就要先投“门状”，看他们是否接见。

古代名片与“名”字沾上边是在明代，这一时期的名片称为“名帖”。在明代，学生见老师，小官见大官，都要递上名帖。名帖上的字要大，而且要写满整个名帖，以表示谦恭。据记载，明代的名帖长约七寸（1 寸 ≈ 3.33 厘米），宽三寸。直到清末民初，名帖才称为“名片”，而且趋于小型化。

名片除了在各时期的叫法不同外，古代名片与现代名片上的内容也有一些差别。在古代，拜访与自己身份和地位相当的人时，名片上一般要写官职、姓名；下级拜见上级时，名片上一般要写谦恭之词，如“某谨上，谒某官，某月日”“某谨祇候”或“某官谨状”等。

此外，古代名片的使用还与一些习俗有关。例如，若某人在名片的左上角写了“制”字，并在名片四周画上了黑边框，则表示此人家中有丧事，自己处于守丧期。又如，春节期间，若主人无法一一上门拜访亲朋好友，这时可以差遣仆人携名片去拜年，而所携名片称为“飞帖”。

资料来源：https://www.chinaxiaokang.com/wenhuapindao/lishi/20181120/556607_2.html，有改动

班级____________ 姓名____________ 学号____________

任务实施——见面礼仪模拟训练

1．任务描述

根据以下情景，分配好角色，然后进行情景模拟：

AC 公司市场部负责人喻经理准备到 BM 公司与该公司的葛总商谈合作事宜。秘书小倪负责此次接待工作。此前，葛总经理和喻经理未曾谋面。

喻经理到达后，小倪出门迎接，并将喻经理引至会客厅。然后，小倪陪同葛总来到会客室。经小倪介绍后，葛总和喻经理握手、问候，并交换名片。

2．任务目的

（1）掌握称呼礼仪和介绍礼仪。

（2）熟悉握手礼仪和名片礼仪。

3．寻找伙伴

寻找 3～5 名伙伴组成一个小组，从中选出组长，由组长进行任务分工，然后将相关信息填入表 6-3 中。

表 6-3 小组成员及分工情况

班级		组号		指导教师	
小组成员	姓名	学号	任务分工		
组长					
组员					

4．知识储备

在进行情景模拟前，需要回答以下问题。

问题 1：介绍他人时，应遵守哪些礼仪规范？

问题 2：与他人握手时，应遵守哪些礼仪规范？

问题 3：与他人交换名片时，应遵守哪些礼仪规范？

班级____________ 姓名____________ 学号____________

5．模拟练习

（1）分配好角色后，设定具体情景，并将其填入表 6-4 中。

（2）在脑海中推演此次见面过程，然后将应注意的事项填入表 6-4 中。

（3）在组内进行情景模拟。

（4）组内成员就情景模拟过程中见面礼仪的运用情况相互点评，并将他人对自己见面礼仪运用情况的评价填入表 6-4 中。

表 6-4 模拟练习记录表

项目	具体内容
所设定的情景	
见面过程中应注意的事项	
他人对自己见面礼仪运用情况的评价	

6．情景模拟与考核评价

进行情景模拟，教师根据每名学生的见面礼仪运用情况和表 6-5 中的内容进行评价。

表 6-5 考核评价表

项目	评价内容	分值	教师评分
专业能力	理解本任务重要知识点	20	
	符合见面礼仪规范	25	
	情景模拟的整体效果好	25	
职业素养	言谈举止优雅、得体	15	
	语言组织能力强，字迹工整，书面整洁	15	
合　计		100	
综合评语		教师（签名）：	

任务二 掌握接待礼仪和拜访礼仪

案例导入

小宋和小汪是大学同学。毕业后，两人各奔东西。如今，小宋在 ER 公司当销售员，小汪在 FT 公司当采购经理。不久前，小宋得知 FT 公司计划采购一批产品。于是，小宋打算利用自己与小汪的同学关系谈下这笔业务。

某天下午，小宋直接去了 FT 公司，结果被拦在了前台。前台接待人员表示，小宋需要预约才能见到汪经理。之后，前台接待人员协助小宋进行预约，最终确定周三下午三点，小宋上门拜访小汪。

拜访当天，由于堵车，小宋晚到了近一个小时。到达后，得知小汪还在办公室，小宋直接推门就进去了。见到老同学，小宋十分高兴，激动地说道："小汪，你这几年发展得不错啊！"小汪客气地说道："哪里哪里，就一般而已。"

两人寒暄了几句后，小宋往沙发上一坐，跷起二郎腿，说道："你们公司要采购的产品，我们公司就有，不如就在我们公司采购吧。你我是同学，你得帮我这个忙。要不我俩现在就把采购合同签了吧？"听完这话，小汪感到有些尴尬，只觉得小宋是在强迫他采购产品。

请思考：

（1）小宋的拜访行为违背了哪些礼仪规范？

（2）如果你是小宋，在拜访小汪时，你会怎样做？

相关知识

接待与拜访是常见的两种社交活动。在接待与拜访他人时遵守礼仪规范，有助于树立良好的职业形象，增强彼此的情感，促进问题的解决。

一、接待礼仪

接待是指以主人的身份招待客人。接待的最终目的是让客人乘兴而来，满意而归。接待的基本原则是平等、热情、友善、礼貌。合乎礼仪的接待通常包括精心准备、热情迎客、正确引导、礼貌待客和礼貌送客等五个方面的内容。

（一）精心准备

1. 了解客人的基本信息

为了妥善安排接待工作，应提前了解客人的基本信息。这些信息主要涉及以下三个方面：① 客人的总体情况，如来访人数、性别概况、负责人等；② 客人的行程计划，如访问目的、抵达时间和地点，以及其他事项安排等；③ 主宾的个人简况，如姓名、性别、年龄、工作单位、职位、宗教信仰、健康状况、婚姻状况、生活习惯等。

2. 布置接待场所

在客人到达前，应布置好接待场所。具体而言，应做好以下工作：

（1）打扫室内卫生，保证地面、桌椅、窗户洁净，室内无异味。

（2）调节室内光源（自然光源最佳）、温度（22.5℃左右）和湿度（50%左右）。

（3）在接待室（见图 6-9）或走廊摆放绿植、鲜花等物品予以点缀。

图 6-9　接待室

（4）准备并摆放好待客用品，如茶水、点心、水果、报刊等。

3. 安排宴席和住宿

一般而言，应根据来访者的人数和生活习惯等情况预先安排宴席。同时，还应为远道而来或来访时间接近傍晚的客人安排住宿。

4. 安排接待人员

接待人员主要包括洽谈人员、餐饮和住宿服务人员，以及车站、码头或机场的迎送人员。

（二）热情迎客

当客人到达约定地点时，应热情迎客。迎客时，应遵守相应的礼仪规范。

1. 迎接

对于远道而来的客人，应提前确认客人到达的具体时间，安排专车前往车站、码头或机场迎接。若与客人素未谋面，还应准备好接站牌（见图 6-10），上面写明“热烈欢迎

××先生（或女士）”“××公司接待处”等。

图 6-10　接站牌

2．问候

见到客人后，应面带微笑，热情地与其打招呼，并致以诚挚的问候，如“您好！我是××，代表××公司前来迎接您”“您一路辛苦了！”“欢迎您的到来！”等。若客人携带大件行李，则应主动帮其提行李。对于年纪较大或身体不太好的客人，还应上前搀扶，以示关心。

需要注意的是，不宜主动帮客人拿手提包或其他贴身物品，以免有侵犯他人隐私之嫌。

同步案例

小邹的接待观

小邹是某公司入职不到两个月的员工。在这不到两个月的时间里，他多次被客人投诉。

原来，小邹在接待客人时对其爱理不理，态度十分冷淡。他认为自己是大学生，如果赔着笑脸接待客人，就成了伺候客人了，况且平时工作就很忙，没有那么多精力赔笑脸。

有一次，一位白发苍苍的老人来咨询业务，小邹接待了他。老人先是站着说话，然后一直半蹲着身子在小邹面前填写资料，而小邹慵懒地坐在椅子上，不停地抖着腿，有一搭没一搭地应付着老人，更没有起身请老人坐下的意思。

恰巧部门经理路过，看到了这一幕。事后，部门经理严厉地批评了小邹，同时表示小邹的接待行为严重影响了公司的形象，如果小邹下次还这样接待客人，公司将毫不犹豫地解雇他。

（三）正确引导

迎客后，应引导客人进入接待室或会客厅。在引导过程中，应遵守相应的礼仪规范。

1. 并行时

主人和客人两人并行时，应遵循以右为尊的原则，让客人走在右侧；多人并行时，应遵循居中为尊的原则，让身份最尊贵的客人居中，身份次之者居右，再次之者居左。当主人和客人并行时，接待人员（引路者）应配合客人的步伐，走在客人左前方约 1.5 m 处为其引路。引路时，应注意运用手势和语言为客人做方向提示或危险提示，如“请您这边走”“请您注意，拐弯处有个斜坡”等。

2. 上下楼梯时

引导客人上楼时，应让客人走在前面；下楼时，应让客人走在后面。在上下楼梯过程中，应注意保护客人的人身安全。

3. 乘坐电梯或自动扶梯时

乘坐有电梯服务员的电梯时，接待人员应后进后出电梯；乘坐无电梯服务员的电梯时，接待人员应先进后出电梯，以便为客人控制电梯。乘坐自动扶梯上楼时，应让客人站在前面；下楼时，应让客人站在后面。

4. 出入房门时

接待人员引导客人进入室内时，应主动为客人开门或关门，并做到“门朝内开己先入，门朝外开客先入”。客人进门时，接待人员应扣住门板并做出“请”的姿势，待客人进入室内后，再轻轻关上门。

探索与交流

图 6-11 展示了几种不同的引导客人的行为，其中年长者为客人。判断这些行为是否符合礼仪规范。若不符合，指出其中存在的问题。

图 6-11　不同的引导客人的行为

（四）礼貌待客

客人进入室内后，应妥善保管其外套、帽子等物品，然后给客人让座，为其奉茶。

1. 让座

为表示对客人的尊敬，应请客人先行入座，不可先于客人落座，更不可不让座或让错座。此外，还应将客人安排在尊位上。尊位的确定方法通常包括以下几种：

（1）面门为尊。主人与客人相对而坐，且其中一方的座位面向正门时，面向正门的座位为尊位，如图 6-12 所示。

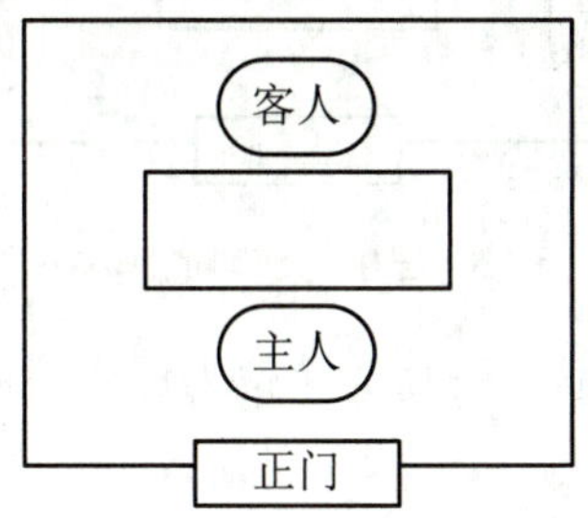

图 6-12　面门为尊时的座次安排

（2）以右为尊。主人与客人面向正门并排而坐时，以在室内面朝正门方向为准，右边的座位为尊位，如图 6-13a 所示；主人与客人侧对着正门相对而坐时，以进门方向为准，右边的座位为尊位，如图 6-13b 所示。

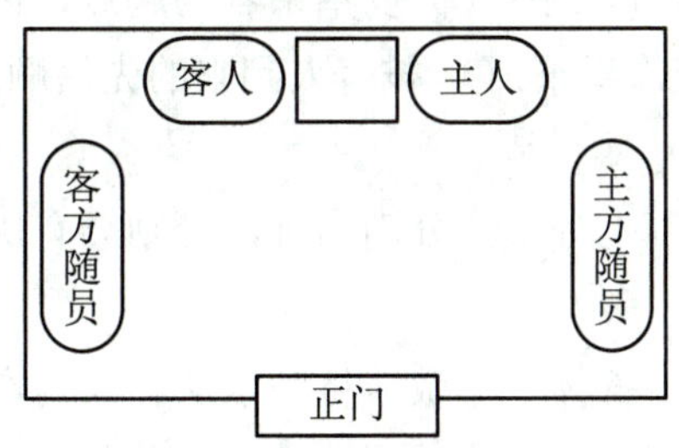

a）双方并排而坐时的座次安排

主人
客人
正门

b）双方相对而坐时的座次安排

图 6-13　以右为尊时的座次安排

（3）以远为尊。主人与客人并排坐于正门一侧时，离正门较远的座位为尊位，如图 6-14 所示。

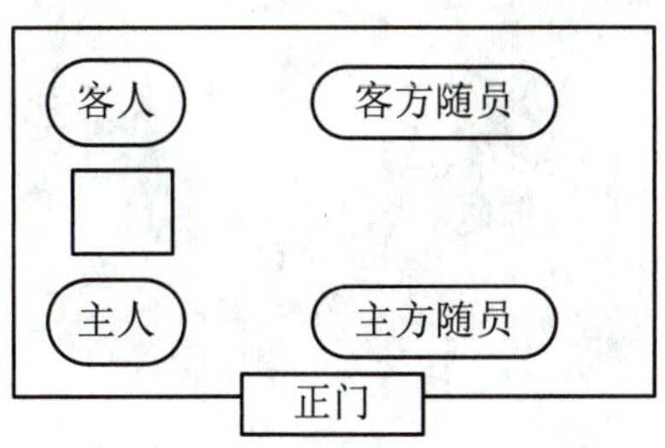

图 6-14　以远为尊时的座次安排

（4）居中为尊。当客方人数较少而主方人数较多时，以面向正门的中间座位为尊位，能够形成“众星捧月”的格局，如图 6-15 所示。

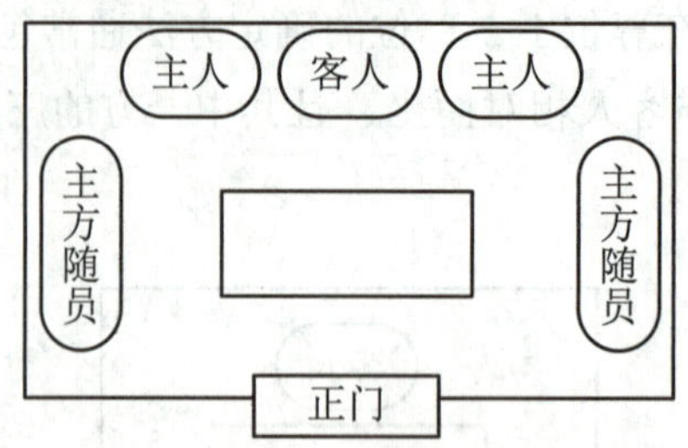

图 6-15　居中为尊时的座次安排

（5）佳座为尊。质量或舒适度较高的座位为尊位。例如，沙发尊于椅子，椅子尊于凳子，高座椅尊于矮座椅。

2．奉茶

在客人入座后，应为其奉茶。奉茶时，应遵守相应的礼仪规范。

1）奉茶顺序

当客人较多时，应按以下顺序奉茶：① 先客人，后主人；② 先主宾，后次宾；③ 先长辈，后晚辈；④ 先女性，后男性；⑤ 先职位高者，后职位低者。

若客人之间的地位差别不大，则可按以下顺序奉茶：① 以奉茶者为起点，由近及远依次奉茶；② 以进门方向为准，按顺时针方向依次奉茶；③ 按客人到来的先后顺序奉茶。

2）奉茶时的注意事项

（1）茶勿斟满。茶水不可斟得太满，一般以七分或八分满为宜，否则会有厌客或逐客之嫌。

（2）双手从右侧奉茶。应以左手托底、右手扶杯，恭敬地将茶水从客人的右侧奉上（见图 6-16），并放在客人的右前方，同时轻声告知客人“这是您的茶，请慢用”。奉茶时，切忌将手指搭在杯口上或浸入茶水中。

图 6-16　双手奉茶

（3）适时续茶。当客人杯中的茶水有所减少时，应及时为其续茶。续茶时，以不妨碍客人为佳。

此外，还需要注意的是，待客的茶具不可有缺口或裂痕，更不可不洁净；待客的茶叶不可为旧茶，选择茶叶品种时，应征询客人的意见；茶水温度不宜太高，以免烫伤客人。

源远流长

中国古代的饮茶礼仪

中华茶文化独具特色，不仅体现在悠久的种茶、制茶、饮茶（见图 6-17）历史上，而且体现在形式多样的饮茶礼仪上。寻常百姓家，以饮茶礼仪示恭敬之心；宫廷中，以饮茶礼仪顺君臣之序；祭祀中，以饮茶礼仪表虔诚之意……纵观各种饮茶礼仪，无一不折射出其“和乐”文化的价值内涵。

图 6-17　饮茶

1．待客茶礼仪：亲朋和乐

来客奉茶是中华民族传承了几千年的待客礼节，可以表达主人热情友好、诚挚尊重的心意，从而在主客之间营造温馨、欢乐的交际氛围。

在以茶敬客时，倒茶、续茶都要按一定顺序进行。其基本原则是：先客人，后主人；先主宾，后次宾；先长辈，后晚辈。在敬茶时，茶水添至七八分，喻示着“七分茶三分情”。如果不遵守敬茶的礼仪规范，添茶续水不当，则会被视为待客无礼和失礼。

2．宫廷茶礼仪：君臣和乐

君臣见面一如民间主客相见，仍会以茶招待，但君主与臣子之间的关系不是寻常百姓家的亲朋关系，而是赏赐和被赐的尊卑关系。君主是饮茶过程中的中心人物，一般不会向臣子敬茶，但是会赐茶，并且按官阶等级分赐。饮茶时，君主先饮，臣子要叩谢圣恩后才能饮用。宫廷茶礼仪俨然成为表现君臣尊卑秩序的神圣仪式。通过这种仪式，君主与臣子能够在相对活跃的氛围中进行微妙的情感交流，从而构建和谐、稳定的君臣关系。

3. 祭祀茶礼仪：天地人和乐

在祭祀茶礼仪中，祭祀者用茶作为祭品，通过祭献茶的形式来表达对祭祀对象的敬畏之意，并期待天地人和谐相处，各司其职，各尽其责。

中国民间历来流传着以“三茶六酒”（三杯茶、六杯酒）和“清茶四果”作为丧葬活动中祭品的习俗。例如，清明祭祖扫墓时，人们将茶叶与其他祭品一起摆放于坟前，或在坟前斟上三杯茶水，以祭奠先祖。

总之，在祭祀活动中，茶是纯洁无邪、充满灵性的灵草，是向先祖、天地、神灵表达敬意的绝佳祭品。

资料来源：朱海燕，王秀萍，李伟，等. 中国茶礼仪及其文化内涵 [J]. 湖南农业大学学报（社会科学版），2013，14（01）.

（五）礼貌送客

当客人提出告辞时，应热情挽留。在热情挽留之后，若客人仍执意要走，则应等客人起身后，再起身相送。切忌在客人刚提出告辞时就积极地起身送客，或以某种表情或其他动作表达送客之意。

在客人辞别时，主人应与之握别，对其来访表示感谢，请其多多包涵接待不周之处，道惜别之语（如“慢走”“常联系”“欢迎再来”等）并礼貌相送。对于本地的客人，一般应将其送到门口、电梯口、楼下或其所乘车辆的驶离之处，然后目送其离去。对于远道而来的客人，应根据具体情况将其送至所乘车辆的驶离之处或车站、码头、机场等处，待对方离去后才能返回。

二、拜访礼仪

拜访是与接待相对应的一种社交活动。合乎礼仪的拜访通常包括认真准备、准时赴约、礼貌登门和适时告辞等四个方面的内容。

（一）认真准备

1. 事先预约

拜访他人前，应通过电话或当面告知的方式提前预约，以免拜访时扑了个空，或扰乱受访者的日常安排。预约内容具体如下：

（1）拜访时间。应根据受访者的工作时间和生活习惯确定拜访时间。一般而言，对于公务拜访，应选择在对方的上班时间进行；对于私人拜访，应选择在对方的闲暇时间进

行。但无论是公务拜访还是私人拜访，均应避免选择早上七点以前、晚上九点以后，以及对方的用餐或午休时间进行。

（2）拜访地点。拜访地点可以是受访者的办公场所或私人居所，也可以是公共场所，如咖啡厅（见图6-18）、茶楼等。一般而言，应选择离受访者较近或受访者方便前往的地点。

图6-18　咖啡厅

（3）拜访人员。应主动告知受访者届时到场的人员身份及人数，以便对方做好接待准备。一旦确定了拜访人员，就不宜再临时增加、减少或更换人员，以免打乱对方的接待工作。

预约拜访的时间和地点时，应使用请求或商量的语气，切忌使用强求或命令的语气。

2．确定谈话内容

拜访他人前，应想好届时如何与对方交谈，并确定谈话内容。此外，还可事先准备一份具有纪念意义或具有实用价值的礼品，以便拜访时赠送给对方。

3．整理仪容仪表

拜访他人前，应准备与拜访性质、受访者身份或拜访地点相匹配的服装。一般而言，进行公务拜访时，应选择较正式的服装，如西装；进行私人拜访时，应选择整洁得体的服装，如休闲装。同时，还应适当修饰自己的仪容，以示尊重。

（二）准时赴约

应根据预约的拜访时间按时到达拜访地点，不可过早或过晚到达。若因特殊情况无法按时到达或不能赴约，则应及时通知受访者，并诚恳地说明原因、表示歉意，必要时还应与对方约定下次拜访的时间。在下次与对方见面时，应再次对上次的失约表示歉意。

（三）礼貌登门

1. 礼貌进门

到达拜访地点后，若有人接待，则应向接待者做简单的自我介绍，请其代为转告或应其邀请入室；若无人接待，则应礼貌地敲门或按门铃，然后耐心地等待回应。若无回应，则可重复叩门一次或按门铃一次，切忌表现出急躁的情绪和行为，如用拳头砸门、用脚踢门或在门外大呼小叫。

2. 问候致意

进入室内后，应热情地向受访者及其他在场人员问好并与之握手，如图 6-19 所示。若是初次见面，则应简单地进行自我介绍。

图 6-19　向受访者问好并与之握手

3. 举止稳重

跟随受访者在指定位置入座后，应保持坐姿端正、自然，不可过于拘谨或过于放松。此外，还应注意以下事项：

（1）以礼还礼。在受访者奉茶时，应起身或欠身，用双手相接，然后点头致谢，并在饮用后适当称赞，切忌一声不吭。在受访者续茶时，应起身站立，用双手端起或扶住茶杯并致谢，切忌坐着纹丝不动。在受访者送上水果或点心时，应待其他客人或年长者取用后再取，并在品尝后适当称赞。

（2）非请勿动。未经允许，切忌私自翻阅受访者的文件资料，或乱动受访者的其他物品（如工艺品、书籍等），也不得四处走动，即便是上洗手间，也应先向受访者打招呼。

4. 言谈得体

寒暄几句后，就应切入正题，说明来访事由，切忌东拉西扯或沉默不语，浪费对方的时间。当与对方话不投机或意见相左时，应立即转移话题或改变谈话方式，切忌与对方争论、保持沉默或表现出不良情绪。

（四）适时告辞

一般而言，若无特别重要的事情，拜访时间应控制在半小时左右。拜访过程中，应注意把握告辞时机，主动提出告辞。告辞的最好时机是在双方谈话告一段落且没有新的话题之前，切忌在对方讲话时或话音刚落时提出告辞。此外，当受访者临时有事、给予结束谈话的提示（如说出“我们今天就谈到这里吧”或频频看表等）或另有客人来访时，应及时提出告辞。

辞别时，应主动伸手与受访者握别并道谢（如“多谢您的盛情款待”等），同时与其他在场人员一一道别。若有意请对方回访，则可在握别时提出邀请。若受访者起身相送，则应对其说“请留步”或“不必远送”，并适时回头挥手致意，如图 6-20 所示。

图 6-20　回头挥手致意

小贴士

一旦提出告辞，即使对方挽留，也应利索地辞别，切忌告而不辞。

探索与交流

2 人一组，讨论本任务案例导入中的问题（1）和问题（2）。

班级__________ 姓名__________ 学号__________

任务实施——接待礼仪和拜访礼仪模拟训练

1．任务描述

根据以下情景，分配好角色，然后进行情景模拟：

AD 公司销售部经理丁先生准备去拜访 BK 公司总经理伍先生，商谈双方合作事宜。丁先生嘱托秘书小叶打电话预约拜访时间。伍先生的秘书小卓接到电话后，将相关信息转述给了伍先生。伍先生同意与丁先生会面，双方约定在 BK 公司相见。

丁先生带上相关资料准时赴约。最终，双方签订了合作协议。

2．任务目的

掌握接待礼仪与拜访礼仪。

3．寻找伙伴

寻找 3～5 名伙伴组成一个小组，从中选出组长，由组长进行任务分工，然后将相关信息填入表 6-6 中。

表 6-6 小组成员及分工情况

班级		组号		指导教师	
小组成员	姓名	学号	任务分工		
组长					
组员					

4．知识储备

在进行情景模拟前，需要回答以下问题。

问题 1：拜访 BK 公司总经理伍先生时，应遵守哪些礼仪规范？

问题 2：接待 AD 公司销售部经理丁先生时，应遵守哪些礼仪规范？

班级______ 姓名______ 学号______

5. 模拟练习

（1）分配好角色后，设定具体情景，并将其填入表 6-7 中。

（2）在脑海中推演此次拜访与接待过程，然后将应注意的事项填入表 6-7 中。

（3）在组内进行情景模拟。

（4）组内成员就情景模拟过程中拜访礼仪或接待礼仪的运用情况相互点评，并将他人对自己拜访礼仪或接待礼仪运用情况的评价填入表 6-7 中。

表 6-7 模拟练习记录表

项目	具体内容
所设定的情景	
拜访或接待过程中应注意的事项	
他人对自己拜访礼仪或接待礼仪运用情况的评价	

6. 情景模拟与考核评价

进行情景模拟，教师根据每名学生的拜访礼仪或接待礼仪运用情况和表 6-8 中的内容进行评价。

表 6-8 考核评价表

项目	评价内容	分值	教师评分
专业能力	理解本任务重要知识点	20	
	符合接待礼仪或拜访礼仪的规范	25	
	情景模拟的整体效果好	25	
职业素养	言谈举止优雅、得体	15	
	语言组织能力强，字迹工整，书面整洁	15	
合 计		100	
综合评语		教师（签名）：	

任务三　掌握餐饮礼仪

案例导入

小袁和客户刘小姐在一家西餐厅就餐。小袁点了海鲜，刘小姐点了烤羊排。待菜肴上桌后，两人的话匣子也打开了。小袁一边听着刘小姐聊业务，一边吃着海鲜，心情愉快极了。

正陶醉在美食中时，小袁发现有根鱼刺卡在了牙缝中，这让他感到很不舒服。他心想，用手去抠鱼刺太不雅观了。于是，他便用舌头去舔鱼刺，还发出啧啧声。好不容易将鱼刺舔了出来，他随口就将其吐在了餐桌上。之后，他在吃虾时，又在餐桌上吐了几口虾壳。

刘小姐对这些都不太计较，便也没说什么。不一会儿，小袁对着餐桌用力打了一个喷嚏，餐桌上的鱼刺、虾壳随着风势飞了出去，其中一些正好落在刘小姐的烤羊排上。这下子，刘小姐就有些不高兴了。接下来，刘小姐话也少了许多，饭也没怎么吃。

请思考：

（1）职场人士需要学习用餐礼仪吗？为什么？

（2）小袁在与刘小姐用餐的过程中有哪些不当举措？如果你是小袁，当出现上述状况时，你会如何做？

相关知识

夫礼之初，始诸饮食。餐饮活动作为一种常见的社交活动，在传递信息、沟通情感等方面发挥了独特的作用。餐饮礼仪在社交礼仪中占据了重要地位。要想学好社交礼仪，就必须掌握餐饮礼仪。

一、中餐礼仪

中餐礼仪是中华饮食文化的重要组成部分。学习中餐礼仪，主要是学习中式宴席上的座次安排、餐具使用、用餐和饮酒等方面的礼仪规范。

（一）座次礼仪

安排中式宴席的座次时，应遵循以下原则：

（1）面门为尊。在每张餐桌上，以面向正门的座位为尊位。

（2）以右为尊。在每张餐桌上，以面向正门的视角为准，右边的座位为尊位。

（3）以近为尊。在每张餐桌上，以距离该桌主人较近的座位为尊位。

中式宴席一般使用圆桌。每张餐桌只有一个主位时的座次安排如图 6-21a 所示，每张餐桌有两个主位时的座次安排如图 6-21b 所示。

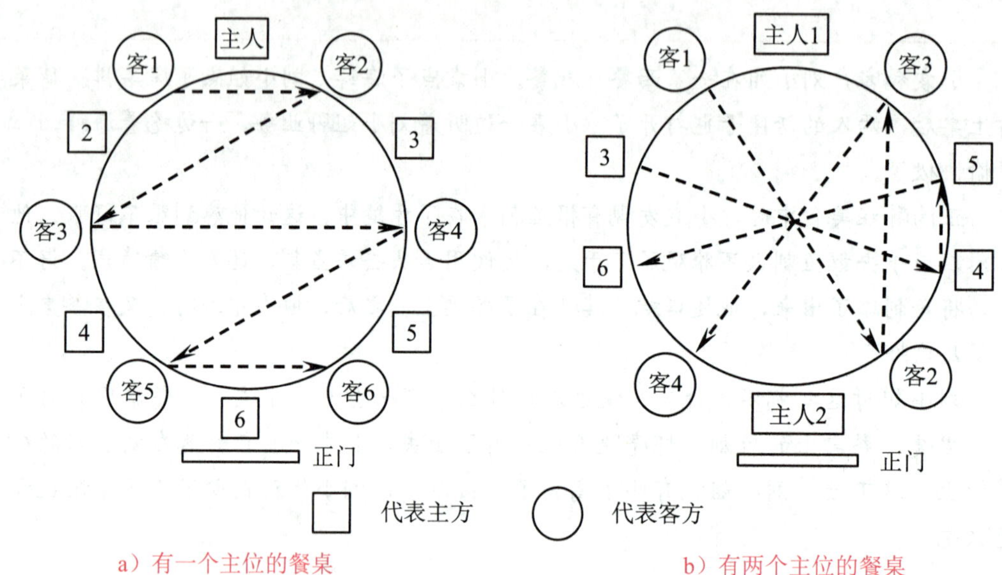

a）有一个主位的餐桌　　b）有两个主位的餐桌

图 6-21　中式宴席的座次安排

探索与交流

小韦是 XT 公司行政部主管。这天，小韦负责接待客户到某中餐厅用餐。面对多位用餐人员，小韦犯了难，该如何安排座次呢？

已知 XT 公司的用餐人员有总经理彭先生、市场部经理鲍女士、行政部经理贺女士、小韦，客户方的用餐人员有副总经理范女士、市场开发部经理陈先生、销售部经理汤女士。

请帮助小韦安排用餐座次，并画出座次安排示意图。

（二）餐具使用礼仪

中餐餐具（见图 6-22）主要有筷子、勺子、碗、碟、杯子和辅助餐具（如湿巾、公筷、公勺等）。用餐者在使用这些餐具时，应遵守相应的礼仪规范。

图 6-22 中餐餐具

1. 筷子的使用礼仪

筷子的使用礼仪

（1）夹菜时，确保筷子上无残留食物，切忌舔食筷子上的残留食物或将筷子含在嘴里，切忌用筷子在菜盘里翻找、挑拣食物或一次性夹过多的食物，切忌让汤汁一路滴落。

（2）在用餐过程中与他人交谈时，将筷子合拢后纵向搁在碗或碟子上，切忌举着筷子在餐桌上挥舞手臂。

（3）切忌将筷子竖直插在食物中，以免有祭奠死者之嫌。

（4）切忌用筷子敲打碗、盘或杯子等。

（5）用餐完毕后，将筷子放置在筷架上。

2. 勺子的使用礼仪

使用勺子时，应遵守以下礼仪规范：

（1）用勺子取食时，切忌盛得过满，以免菜肴、汤汁等溢出来弄脏餐桌或衣服。舀取食物后在原处停留片刻，待汤汁不再往下滴落时再取回来享用。

（2）若取用的食物过烫，则应先将其放到碗里，待其稍凉后再享用，切忌用勺子在食物中舀来舀去，或对着食物吹气。

（3）用勺子将食物送至唇边即可，切忌将勺子和食物全部塞入嘴中，或反复吮吸、舔食勺子。

（4）暂时不用勺子时，将其放在碗中或碟中，切忌将其放在餐桌上或插在食物中。

3. 碗、碟的使用礼仪

碗主要用于盛放食物。一般餐厅会为客人准备一碗一碟一茶杯，其中的碟子就可作为菜碟使用。但是如果餐厅为客人准备了两个碟子，则其中较大的为骨碟，较小的为菜碟，如图 6-23 所示。

图 6-23　骨碟和菜碟

使用碗、碟时，应遵守以下礼仪规范：

（1）用餐时切忌将碗举得过高；使用筷子或勺子从碗中取食，切忌直接用手取食；切忌舔食碗里的剩余食物。

（2）切忌一次性取过多的食物并将其堆放在菜碟里。

（3）将食物残渣放至菜碟前端或骨碟中，切忌将其吐在地上或随意扔在餐桌上。

4. 杯子的使用礼仪

杯子有酒杯、水杯和茶杯之分。酒杯用于盛酒，水杯用于盛装开水、果汁、汽水等，茶杯用于盛装茶水，三者应分开使用。切忌将杯子扣在餐桌上，或将喝入嘴中的酒、果汁或茶水等吐回杯中。

探索与交流

使用中餐餐具时还应避免出现哪些不符合礼仪规范的行为？请与周围的同学讨论。讨论结束后，教师挑选几名学生在课堂上分享讨论结果。

（三）用餐礼仪

用餐时，应遵守以下礼仪规范：

（1）主人示意开始用餐后方能开始取食。用餐时应保持仪态端庄，切忌摇头晃脑、响声大作。

小贴士

主人可以劝客人品尝某道菜肴，但不可擅自为客人夹菜，否则可能会给对方带来困扰。

（2）用公筷、公勺适量取食。多人取食时，注意相互礼让，依次进行。

（3）小口进食，并闭嘴咀嚼食物，切忌大口狂塞食物或发出声响。若要打喷嚏或咳

嗽，则应马上扭头面向一侧，并用餐巾掩住口鼻。若不由自主地发出声响（如打嗝、打喷嚏、肠鸣等），则应向同桌的用餐者表达歉意。

（4）用餐期间，适时地与在场的用餐者交谈，并在交谈前注意用餐巾擦拭嘴巴，以免食物残留在唇上。但需要注意的是，在咀嚼食物时，应避免与他人交谈；当他人在咀嚼食物时，应避免与之交谈。

小贴士

用餐礼仪口诀：取食文雅，注意礼让；使用公筷，讲究卫生；闭嘴细嚼，不发声响；席间交谈，增进情感；嚼食不语，唇不留痕。

（四）饮酒礼仪

1．斟酒

服务人员在给用餐者斟酒时，用餐者应向其道谢，但不必拿起酒杯。有时，主人为了表示敬意，会亲自为客人斟酒。主人亲自斟酒时，客人应双手端起酒杯（见图 6-24），必要时还应起身站立或欠身点头致意。

图 6-24 双手端起酒杯

主人在斟酒时应遵守以下礼仪规范：

（1）一视同仁。应对在座的用餐者一视同仁，按一定顺序依次为其斟酒，不可挑拣着进行。

（2）讲究顺序。可按先职位高者、后职位低者，或先年长者、后年少者的顺序斟酒，也可以自己的座位为起点按顺时针方向斟酒。

（3）斟酒适量。对于白酒，应斟至九分满；对于啤酒，应斟至八分满。

小贴士

除服务人员与主人外，其他用餐者一般不宜自行为他人斟酒。

2．敬酒

敬酒又称祝酒，是向对方表示祝愿、祝福，表达敬意的活动。敬酒时，应遵守以下礼仪规范：

（1）把握时机。应在特定时间敬酒，以不影响他人用餐为首要考虑因素。敬酒分为正式敬酒和普通敬酒。正式敬酒一般应在宾主入席后、用餐前进行，而普通敬酒应在对方未咀嚼食物并方便饮酒时进行。此外，若多人向同一个人敬酒，则应等身份尊于自己的人敬过酒之后再敬。

（2）讲究顺序。可按先职位高者、后职位低者或先年长者、后年少者的顺序敬酒，也可以自己的座位为起点按顺时针方向敬酒。

（3）举止得体。敬酒时，应起身站立，右手端起酒杯，或右手拿起酒杯、左手托扶杯底，面带微笑，口说祝酒词，并轻碰对方的酒杯（见图 6-25）。当他人敬酒时，被敬对象应暂停用餐，面向敬酒者，认真听其说祝酒词，并给予适当的回应，切忌嘲笑对方的敬酒行为或流露出不屑、反感的神情。

图 6-25　碰杯

小贴士

敬酒时，若对方比自己年长、职位高或资历深，则应用自己的杯沿碰对方的杯身；若与对方距离较远，则可举杯示意后用杯底轻轻碰一下餐桌，以代替碰杯。

（4）言辞精练。敬酒时，通常要说一些祝福的话语（如祝对方身体健康、工作顺利、事业成功、双方合作成功等），这种话语称为祝酒词。祝酒词应精练、简短，切忌太过冗长。

3．拒酒

用餐期间，不会饮酒或不打算饮酒的人可婉言谢绝他人的美意。拒酒时，应遵守以下礼仪规范：

（1）客观、诚恳地说明自己不能饮酒的原因或主动以其他饮料代酒。

（2）切忌在他人为自己斟酒时乱推酒瓶、将酒杯扣在餐桌上，或在斟完酒后将杯中

的酒偷偷倒掉或倒入他人杯中。

除上述饮酒礼仪外，还应注意以下饮酒禁忌：

（1）耍酒疯。不可以醉酒为由，装疯卖傻，借机生事，胡言乱语。

（2）酗酒。不可嗜酒如命，饮酒成瘾，以免损害个人形象和身体健康。

（3）灌酒。不可强行劝酒。

（4）划拳。不可在饮酒过程中猜拳行令，大吵大闹。

探索与交流

AB 公司在某酒店宴请客户。宴会期间，总经理刚端起酒杯想向主宾敬酒，就被行政部主管小白抢了先。小白端着酒杯，款款走到主宾跟前，笑意盈盈地说道："预祝我们两家公司合作成功。"然后，小白又向总经理敬酒，感谢他对自己工作的帮助。总经理皱起了眉头，脸色十分难看。

小白在敬酒时有哪些失礼行为？

二、西餐礼仪

随着对外交流合作日益增多，西餐逐渐成为中国居民饮食的一部分。西餐礼仪主要包括西式宴席上的餐具使用、用餐等方面的礼仪规范。

（一）餐具使用礼仪

西餐餐具（见图 6-26）主要有餐刀、餐叉、餐匙、餐巾和杯子等。用餐者在使用这些餐具时，应遵守相应的礼仪规范。

图 6-26　西餐餐具

1. 餐刀、餐叉的使用

使用餐刀、餐叉时，应遵守以下礼仪规范：

（1）右手持刀，左手持叉。右手握住刀柄，拇指抵住刀柄的一侧，食指按在刀柄上。

左手捏住叉柄，食指伸直并按住叉柄的背部。持刀叉的正确姿势如图 6-27 所示。

图 6-27　持刀叉的正确姿势

（2）取食时，先用餐叉将食物按住，然后用餐刀将食物切成小块，再用餐叉将小块食物送入口中。

2．餐匙的使用

西餐中的餐匙有汤匙、甜品匙和咖啡匙之分，汤匙用于饮汤，甜品匙用于取食甜品，咖啡匙用于搅拌咖啡，三者应分开使用。切忌用汤匙或甜品匙舀取主食或菜肴。

3．餐巾的使用

使用餐巾时，应遵守以下礼仪规范：

（1）用餐前，将餐巾打开，沿对角线折成三角形或平行对折成长方形，然后平铺在双腿上，并将折口朝外，以便拿起来擦拭嘴巴，如图 6-28 所示。

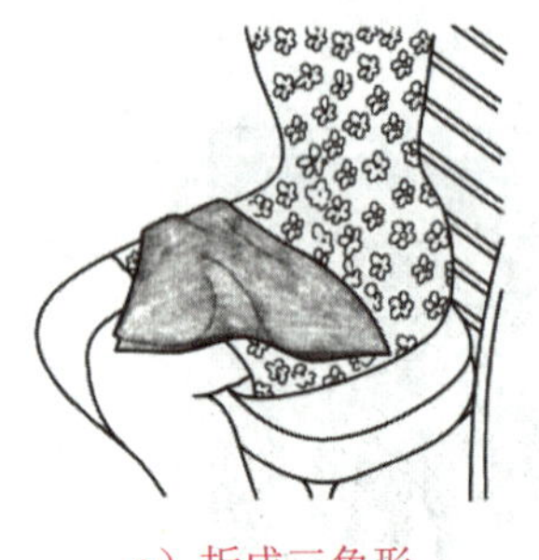

a）折成三角形

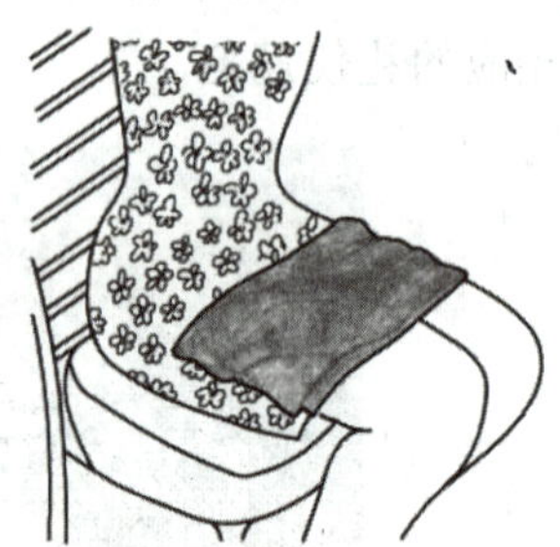

b）折成长方形

图 6-28　餐巾的折叠样式

（2）用餐时，切忌将餐巾围在脖子上、掖在裤腰上或放在其他地方。切忌用餐巾擦汗、擦脸或擦鼻涕，更不可用其擦拭餐具或餐桌。

（3）用餐期间暂时离席时，可将餐巾放在自己的座位上，以示稍后会继续用餐，如图 6-29 所示。切忌将餐巾挂在椅背上或揉成一团放在餐桌上。

（4）用餐结束后，可将餐巾放在餐桌上，以示停止用餐，如图 6-30 所示。

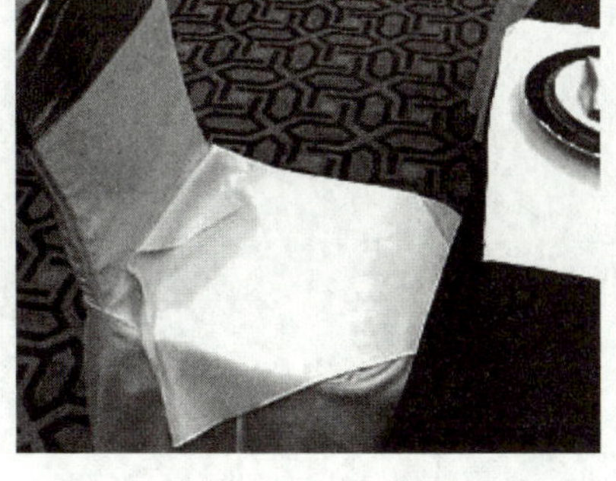

图 6-29 暂时离席

图 6-30 停止用餐

（二）用餐礼仪

用餐时，应遵守以下礼仪规范：

（1）端正坐姿，切忌将腿伸直或跷二郎腿，也不可将胳膊肘儿放到餐桌上，更不可频繁摇晃身体。

（2）用刀叉切割食物时，双肘下沉，避免弄出声响。

（3）切忌将刀叉伸进嘴里，也不可拿着刀叉挥舞或做手势。

（4）用餐期间，可与在场的用餐者交谈，但切忌大声喧哗。

班级__________　姓名__________　学号__________

任务实施——餐饮礼仪模拟训练

1. 任务描述

从以下两个主题中任选其一，然后根据所选主题设计具体情景，并进行情景模拟。

主题一：春节假期前夕，AH 公司财务部准备组织本部门全体员工在公司附近的中餐厅聚餐。

主题二：AG 公司与 BF 公司经过一周的谈判，成功签订了一份合作协议。为了庆祝此次谈判成功，AG 公司的总经理作为东道主，盛情邀请 BF 公司的谈判代表于第二天晚上七点到某西餐厅出席晚宴。

2. 任务目的

（1）掌握中餐礼仪。

（2）熟悉西餐礼仪。

3. 寻找伙伴

选择相同主题的学生自动成为一组，从中选出组长，由组长进行任务分工并将分工情况填入表 6-9 中。

表 6-9　小组成员及分工情况

班级		主题		指导教师	
小组成员	姓名	学号	任务分工		
组长					
组员					

4. 知识储备

在进行情景模拟前，需要回答以下问题。

问题 1：安排中式宴席的座次时，应遵循哪些原则？

问题 2：敬酒时，应遵守哪些礼仪规范？

班级____________　姓名____________　学号____________

问题 3：在西式宴席上使用餐刀、餐叉和餐巾时，应遵守哪些礼仪规范？

5. 模拟练习

（1）根据所选主题设计具体的情景，然后将其填入表 6-10 中：若选择主题一，则要重点表现座次安排、餐具使用、用餐举止、饮酒举止等内容；若选择主题二，则要重点表现餐具使用、用餐举止等内容。

（2）在脑海中推演用餐过程，然后将应注意的事项填入表 6-10 中。

（3）在组内进行情景模拟。

（4）组内成员就情景模拟过程中餐饮礼仪的运用情况相互点评，并将他人对自己餐饮礼仪运用情况的评价填入表 6-10 中。

表 6-10　模拟练习记录表

项目	具体内容
所设定的情景	
用餐过程中应注意的事项	
他人对自己餐饮礼仪运用情况的评价	

6. 情景模拟与考核评价

进行情景模拟，教师根据每名学生的餐饮礼仪运用情况和表 6-11 中的内容进行评价。

表 6-11　考核评价表

项目	评价内容	分值	教师评分
专业能力	理解本任务重要知识点	20	
	符合餐饮礼仪规范	25	
	情景模拟的整体效果好	25	
职业素养	言谈举止优雅、得体	15	
	语言组织能力强，字迹工整，书面整洁	15	
合　计		100	
综合评语		教师（签名）：	

学习成果自测

1. 填空题

（1）________是最基础、最常用的社交礼仪。

（2）未婚者与已婚者相见，________先向对方介绍自己。

（3）与他人握手时，应遵循“________”的规则。

2. 单项选择题

（1）“张律师”“王青医生”“陈老师”等属于（　　）。

A．泛尊称　　B．职业称呼

C．职位称呼　　D．姓名称呼

（2）“两位认识一下吧。大家都毕业于同一所大学，只是不是同一个专业。接下来，请你们自己聊吧。”这种介绍他人的方式属于（　　）。

A．标准式　　B．简单式

C．引见式　　D．推荐式

（3）为客人安排座位时，应将客人安排在尊位上。尊位的确定方法不包括（　　）。

A．面门为尊　　B．以远为尊

C．佳座为尊　　D．以左为尊

3. 案例分析题

小金和小何两位秘书同时在 AS 公司门口迎接贵宾。当贵宾到达时，小金走上前去，道：“吕总，您好！”然后呈上自己的名片，又道：“吕总，我叫金明，是 AS 集团柏总的秘书，专程前来迎接您。”吕总道谢。小何也走上前道：“吕总，您好！您认识我吧？”吕总点头。小何又问道：“那我是谁？”吕总尴尬不已。

请问小何的自我介绍存在哪些问题？正确的做法应是怎样的？

学习成果评价

请进行学习成果评价，并将评价结果填入表 6-12。

表 6-12 学习成果评价表

班级		姓名		学号	
评价项目	评价内容	分值	评分		
			自我评分	教师评分	
知识 40%	称呼礼仪	5			
	介绍礼仪	5			
	握手礼仪	5			
	名片礼仪	5			
	接待礼仪	5			
	拜访礼仪	5			
	中餐礼仪	5			
	西餐礼仪	5			
技能 40%	能正确运用见面礼仪	20			
	能礼貌地接待或拜访他人	10			
	能得体用餐	10			
素养 20%	积极参加教学活动，遵守课堂纪律	5			
	具备良好的学习态度	5			
	认真完成任务实施	5			
	主动与他人合作与沟通	5			
合　计		100			
总分（自我评分×40%+教师评分×60%）					
自我评价					
教师评价					

项目七

职场沟通礼仪

项目引言

人在职场，必然会与上司、同级同事和下属进行沟通。遵守职场沟通礼仪，不仅能够减少与同事之间的矛盾与冲突，使职场人际关系更加融洽、和谐，而且有助于树立良好的职业形象，促进个人的职业发展。

本项目将围绕与上司、同级同事和下属的沟通，介绍与职场沟通礼仪有关的知识。

知识目标

- 学会与上司沟通。
- 学会与同级同事沟通。
- 学会与下属沟通。

素质目标

- 了解职场PUA的内涵、表现与危害，增强抗压能力，坚决抵制职场PUA，做内心强大、独立自主的职场人士。
- 通过学习“一高校同寝室同学同获‘三好学生’殊荣”这一案例，深刻理解互帮互助的重要性，培养团结合作精神。

任务一　与上司沟通

案例导入

某建材公司销售部员工小冯拜访客户回来后，敲响了销售部经理办公室的门。

“情况怎么样？”还未等小冯坐下，经理就迫不及待地问道。小冯坐定后，并不急于回答经理的问话，而是表现出心事重重的样子。小冯十分了解经理的脾气，如果直接将不利情况汇报给他，他肯定会不高兴，甚至会认为自己没有尽力处理问题。

经理看到小冯的样子，已经猜出了大概情况，于是改用另一种方式问道：“情况糟到什么程度？有没有补救措施？”“有！”这回小冯回答得倒是十分干脆。“那谈谈你的想法吧！”经理继续说道。

小冯这才把他考察到的情况汇报给经理：“我了解到，该客户之所以不用我们公司的建材，主要是因为他们已经答应从另一家建材公司进货了。”“那你觉得说服该客户使用我们建材的可能性大吗？”经理问道。小冯回答道：“我是这样想的，我们公司的建材比那家公司的更有优势。我们的建材不但质量更好，价格也更公道。如果我们再给些优惠，相信该客户会愿意与我们合作的。”

请思考：

（1）小冯在与经理沟通的过程中表现如何？

（2）在与经理沟通的过程中，小冯运用了哪些职场沟通技巧？

（3）在向上司请示与汇报工作时，应注意哪些事项？

相关知识

职场人士通过与上司进行沟通，能够展现自己卓越的社交与沟通能力，有利于拓宽职业发展空间。

一、与上司沟通的基本原则

（一）尊重上司

在职场中，上司一般具有较高的威望和较强的自尊心。下属应适应上司为人处世的方

式，以维护其威望和自尊心。

下属对上司的尊重可以通过以下行为体现：

（1）遇到上司主动问候或让路。

（2）上司走进办公室时，热情致意；上司走到自己办公桌前时，起立问好。

（3）上下车辆、电梯和进出大门时，让上司先行，如图 7-1 所示。

图 7-1　让上司先上电梯

（4）经常向上司请示与工作相关的问题并汇报工作，听取上司的意见。

（5）与上司交谈时认真倾听，不顶撞上司。若与上司意见相左，则应在私下向其说明。

小贴士

尊重与奉承有着本质的区别。前者是基于理解他人、满足他人正常的心理与情感需求而表现出的态度和行为，后者则往往是为了讨好他人而表现出的态度和行为。尊重上司是个人素养的体现，是员工必备的素质之一，但是尊重上司并不意味着要讨好上司。下属阿谀奉承，不仅会影响上司对其工作能力、品性等的判断，降低他人对其的信任，还会破坏团队内的和谐氛围。绝大多数有能力的上司都反感那些一味讨好、阿谀奉承的下属。

（二）工作为重

上下级之间的关系主要是工作关系。与上司沟通时，应从工作出发，摒弃个人的恩怨与私利，在任何时候、任何问题上，都以保质保量地完成工作为沟通之根本。

（三）服从至上

上司对下属有工作方面的指挥权，下属应服从上司在工作方面的安排和指示。一般而言，即使上司的要求与自己的想法背道而驰，只要有利于工作，也应按照上司的要求去做。这不仅是顺利开展工作的重要保障，也是下属应遵守的最基本的职场礼仪规范。

小贴士

服从不等于盲从。一旦发现上司在工作方面出现了错误，就应秉持对工作高度负责的态度，及时向上司反映情况，并说服上司予以改正。

修身养性

拒绝“职场PUA”

2020年7月，艺人郭某在社交平台上公开了一段音频，引发网友热议。音频中，郭某所在经纪公司老板徐某在内部会议上用“就是丑”“没有时尚感”“唱歌不好听”等话语评论郭某。音频曝光不久，徐某承认自己对郭某有职场PUA行为，但拒绝向郭某道歉。

什么是职场PUA？

PUA是pick-up artist的缩写，原指通过诱骗、洗脑等方式控制他人精神、欺骗他人情感的“搭讪艺术家”。职场PUA则提取了PUA中的精神控制要素，指代发生在上司与下属之间的洗脑式打压行为。

结合上述事件，我们可以清楚地感知到职场PUA的套路。徐某全面否定作为艺人的郭某，不断强调她的自我认知有偏差，说没人喜欢她，并且让其他下属站队表态，主张艺人应当绝对服从管理。徐某这一做法显然是以自己的主观标准为唯一标准对艺人进行洗脑，让艺人陷入自我怀疑，从而变得紧张、焦虑，进而沦为被控制、压榨的对象。

下属接受上司的合理批评与拒绝职场PUA并不矛盾。遭遇上司批评（见图7-2）时，应先思考自己的做法有无不妥之处。如果有，就接受上司的批评，然后改正自己的错误。如果没有，就坚持自己的原则，保持清醒的自我认知，然后与上司沟通。如果对方拒绝沟通，就向其他领导反映情况，以维护自己的尊严。远离职场PUA，不是逃避责任，而是自我保护。

图7-2　遭遇上司批评

职场不是玩弄 PUA 的地方。管理者对员工进行 PUA，也许可以达成让某些员工屈从于自己权威的目的，但长此以往，注定会落得人心离散。这样的管理者既缺乏内在涵养，也没有管理智慧。需要向职场 PUA 说不的，不仅仅是员工，还有管理者。

资料来源：http://gz.people.com.cn/n2/2020/0723/c222174-34177193.html，有改动

（四）体谅上司

由于受到主、客观因素的影响，上司在工作中难免会遇到各种困难，下属应体谅上司的难处，主动为其排忧解难，不能仅仅因为自己的某些要求未得到满足而对上司产生不满。

二、与上司沟通的技巧

（一）主动沟通

一般而言，上司工作繁忙，无法经常主动与下属沟通，这就要求下属时刻保持主动与上司沟通的意识，只有与上司保持良好的沟通，才能及时得到有效的指导与帮助，提高自身的工作效率与业绩。然而，在实际工作中，部分下属害怕直面自己的上司，不敢积极、主动地与上司沟通。

为了消除对上司的恐惧心理，可采取以下措施：

（1）摒弃“不宜与上司接触过多”的观念，认识到与上司沟通是职场人士的基本职责之一。在实际工作中，上司是决策者，下属是执行者。为了更加准确、高效地执行决策，下属必须通过沟通了解上司的意图；如果下属有更好的想法，也可以主动与上司沟通，以便得到上司的支持与帮助，进而获得上司的认可。

（2）提高沟通能力。在沟通内容上，应尽量做到观点明确、有理有据、层次清晰。在沟通方式上，应采用易被上司接受的沟通频率、语言表达方式和沟通手段（如面对面直接交流，见图 7-3）。

图 7-3 面对面直接交流

（二）适度沟通

适度沟通意味着沟通频率既不能过高，也不能过低。沟通频率过高，不仅会干扰上司的正常工作，而且会让上司认为下属遇事没有主见，缺乏独立工作的能力；沟通频率过低，不仅会影响工作的顺利开展，而且会让上司认为下属不关心工作，从而影响下属个人的职业发展。

同步案例

为何都没有让人满意

甲和乙是某工厂新上任的两名车间主任。两人工作能力相当，但与上司沟通的态度完全不同。

甲主任认为一定要和上司搞好关系。于是，他有事没事就去厂长办公室。对此，车间员工议论纷纷，都说甲主任只会拍厂长的马屁，根本不关心他们的实际工作情况。这话传到了厂长耳朵里，厂长认为甲主任的这一行为影响了部门内部团结，对甲主任的态度也冷淡了许多。

与甲主任相反，乙主任则认为打铁还需自身硬，因此他一天到晚都埋头苦干，为了保证产量，甚至都不去参加车间主任会议。对此，车间员工也不买账，觉得这样的主任不会向厂长争取本该属于他们的利益。厂长也因乙主任常常不来开会而心生不满。

这个故事启示我们，与上司沟通时应遵循适度原则，沟通频率既不能过高，也不能过低，否则会给他人留下不好的印象。

（三）适时沟通

上司居于领导地位，需要考虑很多事情，下属应根据事情的轻重缓急，选择恰当的沟通时机。一般而言，可选择以下时机与上司沟通：

（1）上司不太忙时。不宜在上司埋头处理重要工作时前去打扰，以免忙中添乱。

（2）上司心情良好时。与上司沟通前，可向其秘书或助理了解上司的情绪状态。若上司情绪欠佳，则最好不要前去打扰，特别是准备向其提要求、摆困难或发表不同意见时。

（3）适合与上司单独交谈时。当试图改变上司的决定时，最好选择没有第三者在场的时机与之沟通。这样既能给自己留下回旋的余地，又能维护上司的尊严。

（四）灵活沟通

不同上司的个人经历和性格不同，其领导风格也会不同。了解上司的领导风格，在沟通过程中灵活应对，往往会取得更好的沟通效果。

上司的领导风格及性格特点和与之对应的沟通技巧如表 7-1 所示。

表 7-1 上司的领导风格及性格特点和与之对应的沟通技巧

领导风格	性格特点	沟通技巧
控制型	做事果断，求胜心切；态度强硬，要求服从；关注结果，而非过程	说话简明扼要，直截了当；尊重权威，承诺积极执行上司的命令；称赞上司的成就而非其人品
互动型	亲切友善，热爱交际；愿意倾听下属的心声；喜欢主动营造融洽的工作氛围	公开、真诚地赞美上司，开诚布公地发表意见，切忌在背后发泄对上司的不满情绪
务实型	较理智，不喜感情用事；注重细节，重视探究事情的来龙去脉	开门见山，就事论事；尊重事实，说话有理有据，且不忽略关键细节

小贴士

上司喜欢的下属通常具备以下品质：① 爱岗敬业，忠诚可靠；② 独当一面，开拓创新；③ 自觉主动，服从第一；④ 乐观向上，勇担责任；⑤ 善于沟通，乐于合作。

三、向上司请示与汇报工作时的注意事项

请示是指下属请求上司做出决断、指示或批示的行为。汇报是指下属向上司报告工作情况，并提出建议的行为，如图 7-4 所示。向上司请示与汇报工作是职场人士的重要职责之一。向上司请示与汇报工作时，应注意以下事项。

图 7-4 下属向上司汇报工作

（一）做好准备

凡事预则立，不预则废。无论是请示还是汇报，要想达到预期的目的，就要事先做好准备。具体而言，要做好以下准备：

（1）做好思想准备。既要消除紧张心理，又要摒弃无所谓的态度，调节好情绪，树

立信心，认真对待请示与汇报工作。

（2）做好信息准备。充分掌握相关信息是做好请示与汇报工作的基础。只有及时掌握详细、准确的信息，才能向上司请示与汇报工作，切忌凭主观臆测或道听途说的信息进行请示与汇报工作。

（3）想好应对方法。若就某个问题请示上司，则应事先想好两套以上的解决方案，必要时向上司清楚地阐述各方案的利弊，并提出自己的主张，争取上司的理解和支持。若就某项工作向上司汇报，则应预想汇报过程中上司可能提出的问题，并提前想好如何回答。

（二）选择时机

对于紧急事件，应及时向上司请示与汇报。对于其他非紧急事件，应注意选择合适的请示与汇报时机。例如，本人分管或上司交办的工作告一段落时，因在实际工作中遇到较大困难而想寻求上司的帮助时，上司主动询问有关情况时等，都应注意选择合适的请示与汇报时机。

（三）斟酌言词

向上司请示与汇报工作时，应抓住重点，使用简明扼要的语言，做到观点明确、思路清晰、用词准确、语言流畅，切忌东拉西扯、词不达意，还应尽量避免使用“大概”“估计”“可能”之类的模糊性词语。

此外，向上司请示与汇报工作时，还应注意以下几点：① 注意场合，切忌在路上、饭桌上、住所等场景进行请示与汇报，更不可在公开场合与上司耳语来请示与汇报工作；② 坚持逐级请示与汇报；③ 避免多头请示与汇报。

探索与交流

请示与汇报方式一：经理，我感觉最近员工的士气不是很高。关于如何调动员工的工作热情，您能不能给我些建议？

请示与汇报方式二：经理，我感觉最近员工的士气不是很高。这两天，我与大家进行了沟通，发现是因为临近春节，大家都想着回家过年，没有心思去谈业务。我认为春节前的这段时间很宝贵，我们必须调动员工的积极性，让他们主动去找客户谈业务。

对此，我有两个方案：一是在团队内部开展业绩竞赛，给在春节前一个月业绩排名前六的员工报销返乡和回公司的路费；二是发放福利，给在春节前一个月工作表现良好的员工发放过年大礼包。这两个方案都不需要花费很多钱，但对员工的激励作用肯定会很明显。您看选择哪个方案比较好？

上述两种请示与汇报方式，哪种比较好？为什么？

班级______________ 姓名______________ 学号______________

任务实施——模拟如何请示与汇报工作

1. 任务描述

根据以下情景，分配好角色，然后进行情景模拟：

这天，小奚要带领团队去北京周边城市与客户谈判。他们一行好几个人，坐长途车不方便，人也受累，会影响谈判效果，但如果打的士，一辆车坐不下，两辆车费用又太高。思索一番后，小奚觉得还是包车比较好，既方便，又实惠。

打定主意后，小奚并未直接去订车。三年的职场生涯让她懂得，遇事向上司请示与汇报是绝对有必要的，况且前几天她刚换了新上司。于是，小奚来到新上司面前，准备寻求他的支持。

2. 任务目的

（1）熟悉与上司沟通的基本原则。

（2）掌握与上司沟通的技巧。

（3）掌握向上司请示与汇报工作时的注意事项。

3. 寻找伙伴

寻找 3～5 名伙伴组成一个小组，从中选出组长，由组长进行任务分工，然后将相关信息填入表 7-2 中。

表 7-2 小组成员及分工情况

班级		组号		指导教师	
小组成员	姓名	学号	任务分工		
组长					
组员					

4. 知识储备

在进行情景模拟前，需要回答以下问题。

问题 1：与上司沟通时，应遵循哪些基本原则？

问题 2：与上司沟通的技巧有哪些？

班级__________ 姓名__________ 学号__________

问题3：向上司请示与汇报工作时，应注意哪些事项？

5. 模拟练习

（1）分配好角色后，设定具体情景，并将其填入表7-3中。

（2）在脑海中推演此次沟通过程，然后将应注意的事项填入表7-3中。

（3）在组内进行情景模拟。

（4）组内成员就情景模拟过程中与上司沟通的情况相互点评，并将他人对自己与上司沟通情况的评价填入表7-3中。

表7-3　模拟练习记录表

项目	具体内容
所设定的情景	
沟通过程中应注意的事项	
他人对自己与上司沟通情况的评价	

6. 情景模拟与考核评价

进行情景模拟，教师根据每名学生与上司沟通的情况和表7-4中的内容进行评价。

表7-4　考核评价表

项目	评价内容	分值	教师评分
专业能力	理解本任务重要知识点	20	
	符合与上司沟通的礼仪规范	25	
	情景模拟的整体效果好	25	
职业素养	言谈举止优雅、得体	15	
	语言组织能力强，字迹工整，书面整洁	15	
合　计		100	
综合评语		教师（签名）：	

任务二 与同级同事沟通

案例导入

甲乙丙丁是某公司财务部同一级别的员工。某天，四人忙完工作后在办公室里闲聊了起来。甲对乙说："你今天戴的这条项链真漂亮！"乙说："我考虑了好几天才从网上买的。那家店还有很多其他款式的项链，价格也不贵，要不你也去选一条？"甲说："好啊！你帮我参谋参谋。"

于是，乙就在电脑上打开购物网站给甲看。乙惊叫起来："价格降了！"甲忙说道："快帮我挑一条！"两人有说有笑地挑起项链来。

一旁的丙凑过来看了看后说道："销售部白经理好像给小章也买了一条这种款式的项链。"坐得稍远些的丁问道："你怎么知道得这么清楚？"丙神秘兮兮地说道："昨天下班后，小章在回去的路上告诉我的，她还向我炫耀来着。"甲说道："好了好了，咱们不说别人行吗？"这时，财务部经理走了过来，问道："你们几个人在谈论什么？"

请思考：

（1）上述四人的行为是否正确？若不正确，请说明原因。

（2）与同级同事沟通时，应注意哪些事项？

相关知识

同级同事（以下简称"同事"）之间既存在合作关系，又存在潜在的竞争关系。与同事相处得如何，直接关系到自己的工作进展与职业生涯发展。职场人士在与同事沟通时，应主动遵守职场沟通礼仪。

一、与同事沟通的基本原则

（一）尊重同事

尊重是人的基本需要，也是沟通的前提。尊重他人是处理好人际关系的基础，同事关系也不例外，具体应做到：① 尊重同事的人格、工作和劳动成果（见图 7-5）；② 友好、平等地与同事相处，以礼相待，且不可厚此薄彼；③ 不在背后议论同事的隐私和损害其名誉；④ 不在上司面前诋毁、攻击同事；⑤ 为同事保守秘密；等等。

图 7-5　尊重同事的劳动成果

（二）以诚相待

常言道：“精诚所至，金石为开。”唯有真诚待人，才能使他人敞开心扉，引起他人的共鸣；反之，则会失信于人，引起他人的反感。与同事沟通时，应消除戒备心理，抛弃“逢人只说三分话，不可全抛一片心”的处世原则，以诚相待。

（三）换位思考

换位思考是指通过心理移情实现社会角色互换的沟通方法。其具体做法是通过体验对方的权利、义务、心境等，在“设身处地”中理解对方的观点、态度、行为、选择，从而缩小双方心理差异，促使情感认同。

与同事沟通时，应学会站在对方的角度看待问题。当与同事产生矛盾时，应思考自己是否有责任，切忌与其过度争论，以免激化矛盾。当同事遇到困难时，应设身处地地为对方着想，及时给予其真诚的关心（见图 7-6），并主动伸出援助之手，为其排忧解难。

图 7-6　关心同事

二、与同事沟通的技巧

与同事沟通的技巧

（一）主动与同事合作

合作（见图 7-7）是职场沟通的一种方式，是指员工之间为实现既定目标，彼此通过协调作用而形成的联合行动。参与合作的人必须具有共同的目标、相近的认识、协调的互动、一定的信用，才能使合作达到预期效果。在实际工作中，应主动与同事合作，主动向对方提供与工作相关的信息，及时沟通工作进展，从而为顺利完成工作任务奠定坚实的基础。

图 7-7　合作

（二）正确对待分歧

由于性格、经历、立场等方面存在差异，对于同一问题，不同人往往会产生不同的看法。与同事发生分歧时，应努力寻找共同点，争取求大同存小异，尽量避免分歧演变为矛盾，进而影响团队内部团结。若实在无法与同事达成一致意见，则不妨冷处理，表明保留自己意见的立场，以淡化双方之间的分歧。需要注意的是，若涉及自身原则问题，则应坚持自己的立场，而不应一味地坚持以和为贵，或刻意掩盖分歧。

（三）适当赞美同事

在职场中，每个人都希望得到他人的肯定。职场人士应善于发现同事的优点，并在恰当的时机给以其肯定与赞美，从而调动其主动与自己合作的积极性，进而推动工作顺利开展。

（四）虚心向同事请教

在实际工作中，职场人士难免会遇到不知该如何处理的问题。这时，职场人士就应放下面子，本着对工作积极、认真、负责的态度，虚心向同事请教，努力学习与工作相关的各种知识，不断地积累工作经验，从而提高工作效率。

（五）与同事保持适当距离

俗话说，距离产生美，职场关系也不例外。每个人都有自己的私人空间，处理好职场关系并不意味着要保持亲密无间。有时候，同事之间产生矛盾恰恰就是因为交往太过密切。与同事沟通时，应保持适当距离，给对方留出一定的私人空间。

探索与交流

小秦是毕业于某高校的本科生，工作几年后，由于能力突出，被提拔为车间主任。在与其他车间主任交流时，小秦总是对这些工人出身的主任流露出不屑的神情，开口闭口就是本科生能力更强，工人出身的就差一些。很快，他就陷入了与其他车间主任相互对立的境地，成为一个不受欢迎的人。

2 人一组，讨论小秦为什么会不受欢迎。如果你是小秦，你会如何修复与同事的关系？

三、与同事沟通时的注意事项

与同事沟通时，应把握分寸，切忌无话不谈、口无遮拦。具体而言，应注意以下事项。

（一）不谈论私事

办公室不是互诉衷肠的地方，不应将同事关系与朋友关系混为一谈，以免影响正常的工作秩序和自身形象。当自己的生活或情感出现危机时，不宜向其他同事倾诉；当自己出现工作失误，或者上司、其他同事误会自己时，不宜向其他同事诉苦。

（二）不好争喜辩

当与同事意见不同，尤其是在会场上意见不同时，不急于反驳对方，而应认真倾听对方的意见，在清楚了解对方的意见及其理由后，心平气和地陈述自己的意见及其理由。切忌抱着胜过对方的心态一味地争执下去，否则会伤害对方的自尊，并影响双方之间的关系。

（三）不传播小道消息

小道消息是指道听途说的或非正式途径传播的消息。小道消息往往并不可靠，且像噪声一般影响着人们的工作情绪。面对小道消息，应做到“三不”：不打听，不评论，不传播。

（四）不当众炫耀

在职场中，如果当众炫耀自己的长相、才能、财富、地位等，并处处显示出高人一等的优越感，就会在无形之中侮辱对方的尊严，使对方产生排斥心理乃至敌对情绪。与同事沟通时，应保持谨慎，即使能力过硬，深受领导赏识与器重，也不能过于张扬。

同步案例

爱炫耀的小千

尽管小千待人很和善，也很乐于帮助他人，但同事们都不喜欢她。对此，小千很苦恼，于是向职业指导专家请教。

专家在听了小千的讲述后，得知她在与同事相处时，总喜欢吹嘘自己以前的工作成就。于是，该专家认真地说道："唯一的解决办法就是停止炫耀你以前的工作成就。他们之所以不喜欢你，仅仅是因为你总是向他们展示你的聪明才智。在他们眼中，你就是在故意炫耀，这让他们难以接受。"小千恍然大悟。

此后，小千严格按照专家的建议要求自己，不在同事们面前炫耀，只有同事询问时，她才谦虚地说说自己以前的成就。渐渐地，小千感到同事们对她的态度有所改变，她与同事们相处得也越来越融洽。

（五）不直来直去

虽然心直口快可以给人一种光明磊落的感觉，但是说话不分场合、不分对象、口无遮拦，不仅会在无意间伤害对方的自尊心，而且会有自以为是、故作聪明之嫌。

合作共赢

一高校同寝室同学同获"三好学生"殊荣

在一次"三好学生"评定中，某高校网络与新媒体专业同一寝室的四个姑娘以两个"校三好学生"和两个"院三好学生"的优异成绩引来师生点赞。

对于此次一起揽获"三好学生"殊荣，四人均表示，虽然很惊喜，但并不感到意外。每次上课时，她们会一起坐在前排位置上，认真听讲、记笔记，并用手机将来不及记下的内容录下来，课后，再根据录音整理笔记，确保不遗漏重要的知识点；在寝室学习时，她们都会全心投入，并在遇到疑惑时共同探讨；空闲时，她们会在一起阅读书籍，共同拓宽知识视野；考试复习时，她们会相互考查，帮助对方查漏补缺。

四个姑娘不仅在学习上互帮互助，还在课余时间一起积极参加社会实践。她们热衷于参加志愿服务，常一起去敬老院做义工，为孤寡老人等弱势群体尽一份力。她们还一起去当地企业实习，积累相关专业技能，为将来走上工作岗位打下坚实的基础。

四个姑娘在共同成长的同时，也在最美的年华收获了纯真的友谊。

资料来源：http://hb.people.com.cn/n2/2020/1209/c192237-34465366.html，有改动

班级__________ 姓名__________ 学号__________

任务实施——模拟如何与同事沟通

1. 任务描述

在餐厅服务员、酒店大堂经理、空乘人员、教师、银行职员等职业中任选其一，根据所选职业的特点和要求，设定一个与同事沟通的情景，然后进行情景模拟。

2. 任务目的

（1）熟悉与同事沟通的基本原则。

（2）掌握与同事沟通的技巧。

（3）掌握与同事沟通时的注意事项。

3. 寻找伙伴

寻找 3～5 名伙伴组成一个小组，从中选出组长，由组长进行任务分工，然后将相关信息填入表 7-5 中。

表 7-5 小组成员及分工情况

<table>
<tr><td>班级</td><td></td><td>职业</td><td></td><td>指导教师</td><td></td></tr>
<tr><td>小组成员</td><td>姓名</td><td>学号</td><td colspan="3">任务分工</td></tr>
<tr><td>组长</td><td></td><td></td><td colspan="3"></td></tr>
<tr><td rowspan="4">组员</td><td></td><td></td><td colspan="3"></td></tr>
<tr><td></td><td></td><td colspan="3"></td></tr>
<tr><td></td><td></td><td colspan="3"></td></tr>
<tr><td></td><td></td><td colspan="3"></td></tr>
</table>

4. 知识储备

在进行情景模拟前，需要回答以下问题。

问题 1：与同事沟通时，应遵循哪些基本原则？

问题 2：与同事沟通的技巧有哪些？

问题 3：与同事沟通时，应注意哪些事项？

班级____________　姓名____________　学号____________

5. 模拟练习

（1）根据所选职业的特点和要求，设定一个与同事沟通的情景，并将其填入表 7-6 中。

（2）在脑海中推演此次沟通过程，然后将应注意的事项填入表 7-6 中。

（3）在组内进行情景模拟。

（4）组内成员就情景模拟过程中与同事沟通的情况相互点评，并将他人对自己与同事沟通情况的评价填入表 7-6 中。

表 7-6　模拟练习记录表

项目	具体内容
所设定的情景	
沟通过程中应注意的事项	
他人对自己与同事沟通情况的评价	

6. 情景模拟与考核评价

进行情景模拟，教师根据每名学生与同事沟通的情况和表 7-7 中的内容进行评价。

表 7-7　考核评价表

项目	评价内容	分值	教师评分
专业能力	理解本任务重要知识点	20	
	符合与同事沟通的礼仪规范	25	
	情景模拟的整体效果好	25	
职业素养	言谈举止优雅、得体	15	
	语言组织能力强，字迹工整，书面整洁	15	
合　计		100	
综合评语		教师（签名）：	

任务三 与下属沟通

案例导入

业务员小唐刚谈完业务回到公司，就被上司林主管叫到了办公室。

“小唐，今天业务谈得顺利吗？”林主管问道。

“非常顺利，林主管。”小唐兴奋地说道，“我花了很多时间向客户介绍我们产品的性能，以让他们认识到我们的产品最适合他们，并且价格也最优惠。最终，客户表示要在我们这里采购一批产品。”

林主管本想夸赞小唐几句，但又怕他骄傲自大，便严肃地说道：“你将客户的情况调查清楚了吗？他们确实是要采购我们的产品吗？到时候不会退货吧？如果他们退货了，就会打击我们的团队士气。”

“调查清楚了呀！”小唐脸上的兴奋表情消失了，他有些失望地说道：“是客户主动联系我们说要采购产品。他们在业界的口碑比较好，退货的可能性比较小。而且，我去拜访客户前向您说明过相关情况！”

“别激动嘛，小唐，我只是出于关心才多问了几句。”林主管说道。

“关心？”小唐不满地说道，“我看您是对我不放心吧！”

听到这话，林主管既尴尬又有些不满。

请思考：

（1）林主管与小唐的沟通存在哪些问题？

（2）如果你是林主管，你会如何与小唐沟通？

相关知识

身为上司，不论工作多忙，都应留出时间与下属沟通。没有沟通，就无法了解下属；不了解下属，就无法实现有效的管理。与下属沟通，可以了解下属的观点、态度、能力和优缺点，调解下属间的矛盾（见图 7-8），努力为下属营造良好的工作氛围，并帮助下属在工作中实现自我价值，从而在其心中树立优秀的管理者形象。

图 7-8　调解下属间的矛盾

一、与下属沟通的基本原则

（一）平易近人

应放下架子，以平易近人、亲切和蔼的态度，通过座谈会（见图 7-9）、单独访谈、即时聊天等方式与下属沟通，主动了解下属关心的问题，征求下属的意见和建议，关心下属的工作和生活，同时尽量避免使用命令或训斥的口吻。只有这样，下属才会敞开心扉，畅所欲言，上司才能了解真实情况。

图 7-9　座谈会

（二）公平公正

与下属沟通时，应做到对事不对人，不偏不倚。具体而言，应做到以下两点：① 不趁机打击报复与自己意见不同的下属；② 不偏心与自己关系较好的下属。只有做到公平公正，才能充分调动下属的工作积极性和创造性，从而推动工作顺利开展。

（三）以诚相待

若下属犯了错误，则应真诚地指出下属存在的问题，然后帮助其改正。若自己犯了错误，则应真诚地向下属承认自己的错误。上司主动承认错误不但不会降低自己在下属之中的威望，反而会在下属心中树立能屈能伸的高大形象。

（四）善于倾听

与下属沟通时，应倾听对方的心声，不随意插话，不轻易反驳，必要时虚心接受对方的意见，使其感觉受到尊重，并愿意畅所欲言。

（五）设身处地

与下属沟通时，应站在对方的立场上思考问题，善于结合对方的职位、工作职责、生活境况等揣摩对方的心理，做到想对方之所想，急对方之所急，从而真正理解对方的想法，给对方留下善解人意、体贴入微的印象。

（六）表扬与批评并重

每个人都希望得到他人的表扬，表扬是最有效的激励方式之一。与下属沟通时，应善于表扬下属，以充分调动其工作积极性和创造性。当然，面对下属的过错，也应帮助下属及时改正，并给予严厉批评和警告，以免其再犯。

探索与交流

有一天，一位将军看见一名士兵不停地挖着壕沟，就走过去对他说道："你现在日子过得还好吧？"士兵一看是将军，敬了个礼后回道："这哪是人过的日子啊！我在这里没日没夜地挖壕沟，实在是辛苦。"将军说道："我想也是，你上来，我们一起散散步。"

于是，将军带着士兵在营区里面绕了一圈，并向他诉说作为将军的痛苦和压力，以及对未来前途的迷茫。最后，将军对士兵说道："其实我们两个是一样的。不要看你在坑里，我在帐篷里，谁的痛苦更大还不清楚呢。也许你还没累死时，我就活活地被压力给压死了！"士兵思索了片刻后，说道："将军，我觉得我还是回去好好地挖壕沟吧！"

2 人一组，讨论这位将军的高明之处在哪里。

二、批评下属的技巧

批评是上司与下属沟通的重要方式之一，也是上司必须掌握的领导艺术。批评下属（见图 7-10）时，应讲究技巧，注重分寸，以理服人。批评下属的技巧如下。

图 7-10　批评下属

（一）实事求是

俗话说，没有调查就没有发言权。上司在批评下属前，应弄清事实，了解下属出现工作失误的真实原因，切忌捕风捉影、听信流言，更不可疑神疑鬼、无中生有，以免给人一种以权压人、以势欺人的感觉。

（二）因人而异

不同性格的人对同一批评会有不同的反应，因此，应了解下属的性格，针对不同性格的下属采取不同的批评方式，真正做到因人而异。例如，对于脾气暴躁、易冲动的下属，宜采取商讨式批评；对于自尊心较强的下属，宜采取渐进式批评。

知识窗

常见的批评方式

常见的批评方式有以下几种：

（1）提醒式批评：以暗示为主要批评手段。这种批评方式适用于性格敏感、疑虑心较重的人。当这类性格的人犯了错误时，只要稍加暗示，他们就能意识到自己的错误。

（2）触动式批评：在批评对方时，措辞比较严厉，语气比较严肃。这种批评方式适用于惰性心理、依赖心理和侥幸心理较强的人。

（3）直接式批评：在批评对方时，单刀直入地指出问题。这种批评方式适用于性格直率、心胸豁达的人或不肯轻易承认错误的人。

（4）渐进式批评：在批评对方时，逐步指出其存在的问题，耐心引导其接受批评。这种批评方式适用于自尊心较强的人。

（5）商讨式批评：在批评对方时，带有商谈、讨论性质且氛围较轻松。这种批评方式适用于脾气暴躁、情绪易激动的人。

（6）发问式批评：以提问为主要批评手段。这种批评方式适用于性格内向、善于思考的人。

（7）参照式批评：在批评对方时，运用对比的方式表现批评的内容，使对方在参照方的对比下感受到压力，进而认识到自己的错误。这种批评方式适用于经验浅薄、盲目自大的人。

资料来源：https://www.haowenwang.com/show/9ca855fd3c24058c.html，有改动

（三）摆正心态

批评下属的目的是帮助对方认识和纠正工作失误，进而将工作做好，而不是制服对方，更不是拿对方出气或显示自己的威风。批评下属时，应摆正心态，做好以下三点：① 从对方的立场出发，以关怀、诚恳的态度来对待对方，以免使对方产生抵触情绪；② 不对对方进行人身攻击，切忌采用挖苦、嘲讽的口吻，或张口闭口就说“你怎么搞的？”“你怎么这么差劲？”等有伤对方自尊的话；③ 切忌翻旧账。

（四）有针对性

若只批评下属做得不好，而不具体指出对方的失误之处，则往往会收效甚微。因此在批评下属时，不仅应具体指出对方的失误之处，还应有针对性地给出正确的解决方法，以免再出现同样的失误。

（五）注意分寸

俗话说，知错能改，善莫大焉。对于出现工作失误但已经认错的下属，应予以肯定，并要求对方明确以下问题：① 失误在哪儿；② 为什么会出现这样的失误；③ 失误造成了什么后果；④ 怎样弥补失误；⑤ 怎样防止再出现类似的失误。明确了这些问题，也就达到了批评的目的，而不必对已经认错的下属太过责备。

（六）控制时间

有效的批评往往能够一针见血地指出问题的实质，使出现工作失误的下属心悦诚服，而没完没了的指责可能使对方产生逆反心理，也可能使对方不明白工作失误的症结所在。因此，在批评下属时，应注意控制时间，用简洁精练的语言指出对方的工作失误，切忌喋喋不休。

三、调解下属间矛盾的技巧

有人的地方，就会有矛盾。矛盾不仅会破坏人与人之间的和谐关系，而且会削弱集体的凝聚力和战斗力。调解下属间的矛盾是上司的重要管理职责之一。具体而言，调解下属间矛盾的技巧有以下几种。

（一）制订调解方案

当发现下属间产生矛盾时，若盲目调解，则往往收效甚微，甚至会火上浇油，弄巧成拙。调解下属间的矛盾前，应先详细了解矛盾产生的原因和矛盾的发展过程、严重程度等，然后制订可行的调解方案，并按该方案进行调解。

小贴士

为了避免调解陷入僵局，可事前制订几种不同的调解方案来应对同一矛盾。

（二）营造轻松的氛围

由于矛盾双方往往对对方怀着成见和敌意，在调解下属间的矛盾时，应营造轻松的氛围，以缓和双方的敌对情绪，使调解顺利进行。例如，对于因客户归属问题而产生矛盾的下属，某公司销售部经理通常会邀请双方到餐厅会面，边用餐边劝解双方（见图 7-11），从而在轻松的氛围中化解双方的矛盾。

图 7-11　边用餐边劝解双方

（三）耐心疏导

当发现下属间产生矛盾时，若只着眼于说服双方以大局为重，息事宁人，则会成为空洞的说教，甚至引起双方的反感，从而导致调解无效。调解下属间的矛盾时，应在充分了解事实的基础上，耐心疏导双方。具体而言，应做好以下四点：

（1）以情动人。在调解过程中，尊重矛盾双方的人格，用充满感情的语言打动双方，使双方做出让步。

（2）以诚感人。在调解过程中，将自己与矛盾双方摆在平等的位置上，不厌其烦地与双方交流思想与观点，以示调解双方矛盾的诚意，切忌居高临下地发号施令。

（3）以理服人。在调解过程中，向矛盾双方讲清道理和各种利害关系，使双方心服口服。

（4）以纪警人。在调解过程中，严肃指出双方矛盾的严重程度、发展趋势和违反组织纪律的后果，以引起双方的高度警觉，唤醒双方重归于好的意识。

（四）重点突破

调解下属间的矛盾时，应认真分析矛盾的主要方面，明确主要过错方，并加大调解力度，力求使主要过错方能够先转变态度，做出让步或致歉，从而促使双方握手言和（见图 7-12），切忌和稀泥，以免加剧双方的矛盾。

图 7-12　握手言和

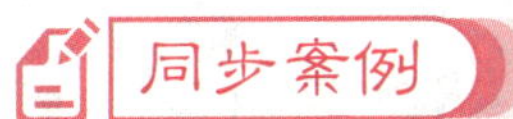

同步案例

上司正确调解，下属握手言和

张某和刘某原来同是某公司财务部副主管。起初，两人关系融洽，在工作上也配合得十分默契。然而，在一次岗位竞聘中，张某被提拔为主管。此后，两人关系急剧恶化，担任副职的刘某非但不配合张某的工作，还不时在背后诋毁张某，说“张某的主管之位是花钱买来的”之类的话。张某知道后，对刘某也心怀怨恨。两人之间的关系闹得十分僵。

该公司财务部经理程某得知此事后，决定出面做调解工作。他先找刘某谈话，询问他对公司提拔张某的看法，并表示若他认为提拔张某违背了公司管理章程，则可以如实提出，但不能胡编乱造。此外，程某还向刘某指出内讧不但影响工作，还会影响个人的发展前途。程某希望能够通过此次谈话使刘某认识到自身的错误。

后来，程某又找张某谈话。程某表示，张某作为主管，要以大局为重，善于团结同事，虚心听取各种不同的意见和建议，以宽容对待冲突，以礼貌谦让对待冷嘲热讽，不要对无关紧要之事斤斤计较。

第一次谈话结束后不久，程某又邀请张某和刘某到他们两人之前经常去的餐厅共进晚餐。在餐桌上，程某真诚地表示，希望张某和刘某两人能够以大局为重，不计前嫌，互相原谅对方。在程某的促使下，张某和刘某敞开心扉，各赔不是，最终握手言和。

班级____________ 姓名____________ 学号____________

任务实施——模拟如何与下属沟通

1. 任务描述

在餐厅服务员、酒店大堂经理、空乘人员、教师、银行职员等职业中任选其一，根据所选职业的特点和要求，设定一个与下属沟通的情景，然后进行情景模拟。

2. 任务目的

（1）熟悉与下属沟通的基本原则。

（2）掌握批评下属的技巧。

（3）掌握调解下属间矛盾的技巧。

3. 寻找伙伴

寻找 3～5 名伙伴组成一个小组，从中选出组长，由组长进行任务分工，然后将相关信息填入表 7-8 中。

表 7-8　小组成员及分工情况

班级		职业		指导教师	
小组成员	姓名	学号	任务分工		
组长					
组员					

4. 知识储备

在进行情景模拟前，需要回答以下问题。

问题 1：与下属沟通时，应遵循哪些基本原则？

问题 2：批评下属的技巧有哪些？

问题 3：调解下属间矛盾的技巧有哪些？

班级＿＿＿＿＿＿　姓名＿＿＿＿＿＿　学号＿＿＿＿＿＿

5．模拟练习

（1）根据所选职业的特点和要求，设定一个与下属沟通的情景，并将其填入表 7-9 中。

（2）在脑海中推演此次沟通过程，然后将应注意的事项填入表 7-9 中。

（3）在组内进行情景模拟。

（4）组内成员就情景模拟过程中与下属沟通的情况相互点评，并将他人对自己与下属沟通情况的评价填入表 7-9 中。

表 7-9　模拟练习记录表

项目	具体内容
所设定的情景	
沟通过程中应注意的事项	
他人对自己与下属沟通情况的评价	

6．情景模拟与考核评价

进行情景模拟，教师根据每名学生与下属沟通的情况和表 7-10 中的内容进行评价。

表 7-10　考核评价表

项目	评价内容	分值	教师评分
专业能力	理解本任务重要知识点	20	
	符合与下属沟通的礼仪规范	25	
	情景模拟的整体效果好	25	
职业素养	言谈举止优雅、得体	15	
	语言组织能力强，字迹工整，书面整洁	15	
合　计		100	
综合评语		教师（签名）：	

学习成果自测

1. 填空题

（1）对于________领导风格的上司，与他沟通时，应公开、真诚地赞美他，开诚布公地发表意见，切忌在背后发泄对他的不满情绪

（2）________是人的基本需要，也是沟通的前提。

（3）调解下属间的矛盾时，应在充分了解事实的基础上，耐心疏导双方。具体而言，应做好以下四点：________、________、________、________。

2. 单项选择题

（1）与上司沟通时，应从工作出发，摒弃个人的恩怨与私利，在任何时候、任何问题上，都以保质保量地完成工作为沟通之根本。这体现的是与上司沟通时应遵循的（　　）原则。

A．尊重上司　　B．工作为重

C．服从至上　　D．体谅上司

（2）（　　）的具体做法是通过体验对方的权利、义务、心境等，在“设身处地”中理解对方的观点、态度、行为、选择，从而缩小双方心理差异，促使情感认同。

A．尊重同事　　B．以诚相待

C．换位思考　　D．主动合作

（3）与下属沟通时，应做到对事不对人，不偏不倚。这体现的是与下属沟通时应遵循的（　　）原则。

A．平易近人　　B．公平公正

C．以诚相待　　D．设身处地

3. 案例分析题

小于是某公司销售部的得力干将，他工作认真负责，却有开会爱迟到的毛病。销售部负责人韩经理就此事批评了小于多次，却不见他改正。有一天开会，小于又迟到了半小时。韩经理正主持会议，见小于推门进来，一股怒意涌上心头。他打算趁此机会好好批评小于一番。

请问如果你是韩经理，你会如何批评小于？

学习成果评价

请进行学习成果评价，并将评价结果填入表 7-11。

表 7-11 学习成果评价表

班级		姓名		学号	
评价项目	评价内容	分值	评分	
			自我评分	教师评分
知识 40%	与上司沟通的基本原则	5		
	与上司沟通的技巧	5		
	向上司请示与汇报工作时的注意事项	5		
	与同事沟通的基本原则	5		
	与同事沟通的技巧	4		
	与同事沟通时的注意事项	4		
	与下属沟通的基本原则	4		
	批评下属的技巧	4		
	调解下属间矛盾的技巧	4		
技能 40%	能合理地与上司沟通	20		
	能合理地与同事沟通	10		
	能合理地与下属沟通	10		
素养 20%	积极参加教学活动，遵守课堂纪律	5		
	具备良好的学习态度	5		
	认真完成任务实施	5		
	主动与他人合作与沟通	5		
合　计		100		
总分（自我评分×40%+教师评分×60%）				
自我评价				
教师评价				

项目八

心理形象

项目引言

一个人给他人留下的印象不仅仅只有仪容仪表、言谈举止等外在形象，还包括气质、性格、情商等心理形象。心理形象常常通过一个人的穿着打扮、为人处世等体现出来，能够反映其内在涵养，是职业形象设计不可或缺的组成部分。

本项目将围绕性格和情商，介绍与心理形象有关的知识。

知识目标

- 塑造良好的职业性格。
- 努力提高职场情商。

素质目标

- 了解社会主义核心价值观的基本内容，树立正确的价值观，争做合格的社会主义事业建设者和接班人。

任务一　塑造良好的职业性格

案例导入

大学毕业后，小张进入某出版社工作。在入职刚满三个月时，因一次工作失误，小张被领导批评了。当时，小张没控制住自己的情绪，和领导大吵了一架。小张本是心高气傲的人，他自恃是名牌大学的毕业生，觉得自己在就业市场上有较强的竞争力，于是提出辞职。

辞职后，小张到处求职，在面试过程中也毫不隐瞒自己辞职的原因。原本以为自己很快就能找到满意的工作，然而现实却十分残酷。经过几次面试后，小张发现，几乎没有企业会接受一个没有多少工作经验且容易冲动的员工。有面试官直接对小张说："你的学历不错，但我们需要的是一个有团队精神和责任心的员工。你的性格太冲动了，恐怕适应不了我们的工作。"

屡次碰壁后，小张开始怀疑自己当初的做法是不是错了。

请思考：

（1）小张属于哪种职业性格类型的人？

（2）职场人士应具备哪些性格特质？小张不具备哪种性格特质？

（3）小张可以通过哪些途径塑造良好的职业性格？

相关知识

职业性格是指人们在长期特定的职业生活中所形成的、与职业相联系的、稳定的心理特征。例如，有的人对待工作总是一丝不苟、踏实认真、高度负责，做事果断，为人谦虚，待人宽容，所有这些特征的总和就是其职业性格。良好的职业性格有利于个人职业生涯的顺利发展。

一、职业性格的四个维度

职业性格包括四个维度，如表 8-1 所示。这四个维度如同四把标尺，每个人的职业性格都会与标尺的某个点对应，这个点靠近标尺的哪个端点，就意味着这个人具有哪方面的

职业性格倾向。

表 8-1 职业性格的四个维度

维度	具体描述	职业性格倾向
能量倾向	个体与外界相互作用的程度及自己的注意力被引向何处	外向 E（extroversion）—内向 I（introversion）
认知方式	个体是如何获取信息的	感觉 S（sensing）—直觉 N（intuition）
决策方式	个体是如何做出决策的	思维 T（thinking）—情感 F（feeling）
生活方式	个体是喜欢以一种较固定的方式生活，还是喜欢以一种更自然的方式生活	判断 J（judging）—知觉 P（perception）

（一）外向（E）—内向（I）

外向（E）—内向（I）是个体最重要的职业性格倾向。外向的人通常将注意力投注到外部世界，从与人交往和实际行动中得到能量；内向的人则更关注自己的内心世界，从回忆和反思中得到能量。

（二）感觉（S）—直觉（N）

每个人都在不断地获取信息，这是个体跟上外界节奏的必要前提。但是，不同个体获取信息的方式有感觉型与直觉型之别。感觉型的人通常用自己的感官来获取信息，喜欢收集实实在在的、确实已出现的信息；直觉型的人则通常通过想象和感性认识来获取信息，喜欢关注信息之间的联系。

（三）思维（T）—情感（F）

思维（T）—情感（F）反映的是决策方式的差异。思维型的人比较注重分析客观事实，一以贯之、一视同仁地执行规章制度，不太习惯根据人情因素做出决策；情感型的人则常从自我价值观念出发，在执行规章制度时灵活变通，做出一些自己认为正确的决策，比较关注决策可能给他人带来的情绪体验，具有较浓的人情味。

（四）判断（J）—知觉（P）

判断（J）—知觉（P）反映的是生活方式的差异。判断型的人通常将事情安排得井井有条，喜欢有计划的、井然有序的生活方式；知觉型的人则更愿意去体验和理解生活而不是去控制它，喜欢灵活、随意、开放的生活方式。

二、职业性格的类型

不能只从一个维度来理解人的职业性格，而应综合各个维度来理解。从四个维度中各取一种职业性格倾向，正好可组合成 16 种职业性格类型。16 种职业性格类型及其特点与对应的典型职业如表 8-2 所示。

表 8-2　16 种职业性格类型及其特点与对应的典型职业

类型	特点	典型职业
内向感觉思维判断型（ISTJ）	安静、严肃，有责任心；比较理智，能持之以恒地朝着目标前进，不易分心；喜欢将工作和生活都安排得井井有条；重视传统，比较忠诚	护理人员、会计、教师、企业负责人、药剂师、医学研究者、公务员等
内向感觉情感判断型（ISFJ）	安静、友好、勤勉、忠诚、体贴，有责任心和良知；考虑周到，关心他人感受	工程师、护士、行政助理、幼师、家政服务员等
内向直觉情感判断型（INFJ）	愿意全身心地投入工作；对人有很强的洞察力；有责任心，坚持自己的价值观；对于怎样更好地服务大众有清晰的认识；对于实现目标，态度果断、坚定，而且有计划	心理医生、艺术工作者、作家、人力资源管理专业人员等
内向直觉思维判断型（INTJ）	在实现自己的目标时有创新的思维和非凡的动力；能很快洞察到外界事物间的规律，并据此制订长期计划；一旦决定做一件事就会开始规划并完成；多疑、独立，对自己和他人的要求都非常高	销售员、程序员、作家、记者等
内向感觉思维知觉型（ISTP）	灵活，忍耐力强，是个安静的观察者；遇到问题时会马上行动，并找到实用的解决方法；善于分析事物运作的原理，能从大量的信息中很快找到症结；对原因和结果感兴趣，喜欢用逻辑思维处理问题；重视效率	项目经理、证券经纪人、程序员等
内向感觉情感知觉型（ISFP）	友好、敏感、和善，享受当下；喜欢有自己的空间，喜欢按照时间表工作；忠诚，有责任心；不喜欢与人争论，不会将自己的观念强加到他人身上	人力资源顾问、营销经理、信贷员等
内向直觉情感知觉型（INFP）	崇尚理想主义；好奇心重；善于理解他人、帮助他人；灵活，适应能力强	哲学家、记者、演员、音乐家、导演、漫画家、社会工作者等
内向直觉思维知觉型（INTP）	安静、内向；喜欢理论性较强和抽象的事物；热衷于思考而非社交活动；灵活，适应能力强；对自己感兴趣的领域有超凡的精力与解决问题的能力；多疑，有时会有点挑剔；喜欢分析问题	投资顾问、考古学家、历史学家、物理学家、财务专家、律师等
外向感觉思维知觉型（ESTP）	灵活，忍耐力强；注重实际，觉得理论性较强和抽象的解释非常无趣；喜欢积极采取行动来解决问题；自然、不做作，享受和他人在一起的时光；喜欢追求时尚和物质享受；认为学习新事物最有效的方式是亲身感受和练习	预算分析师、主持人、摄像师、厨师等
外向感觉情感知觉型（ESFP）	外向、友好，接受能力强；追求物质享受；喜欢和他人合作完成任务；在工作中注重常识，并会尽力使工作显得有趣；灵活、自然、不做作，适应能力强；认为学习新事物最有效的方式是和他人一起尝试	幼师、心理医生、促销员、公关人员、保险代理人

（续表）

类型	特点	典型职业
外向直觉情感知觉型（ENFP）	热情，富有想象力，能很快将事物和信息联系起来，然后根据自己的判断解决问题；希望得到他人的认可，喜欢称赞和帮助他人；灵活、自然、不做作；即兴发挥能力和语言表达能力强	人力资源管理专业人员、播音员、演讲家、职业生涯规划顾问等
外向直觉思维知觉型（ENTP）	反应快、睿智，有激励他人的能力；警觉性强，直言不讳；在解决具有挑战性的问题时机智而有策略；善于理解他人，喜欢不断发展新爱好，不喜欢例行公事	投资经纪人、后勤顾问、广告创意设计师等
外向感觉思维判断型（ESTJ）	崇尚现实主义，做事果断，一旦下决心就会马上行动；善于将项目和人组织起来，并尽可能用最有效率的方法完成任务；注重细节；有一套非常清晰的逻辑标准，并希望他人同样遵循该标准	军人、房地产经纪人、项目经理、证券经纪人等
外向感觉情感判断型（ESFJ）	热心肠，有责任心和合作精神；希望周边的环境温馨而和谐；喜欢和他人一起及时、高质量地完成任务；对所有人、事都保持忠诚；能观察到他人在日常生活中的所需并竭尽全力帮助；希望自己能受到他人的认可和赏识	医护人员、教师、销售员、人力资源顾问等
外向直觉情感判断型（ENFJ）	热情、友善、忠诚，有责任心，非常重视他人的情感需求；善于发现他人的潜能，并希望能帮助他们充分发挥自身潜能；会积极回应他人的赞扬和批评；领导能力较强，在团体中能很好地帮助和鼓舞他人	招聘人员、电视制片人、新闻广播员、网页编辑等
外向直觉思维判断型（ENTJ）	坦诚、果断，领导能力强；能很快看到组织和政策中的问题，并能提出有效、全面的解决建议；善于设定目标并制订长期计划；通常见多识广，博览群书，喜欢拓宽自己的知识面并将知识分享给他人；在陈述自己的想法时条理清晰，有较强的自信	法官、社团负责人、广告业务经理等

三、职场人士应具备的性格特质

对于职场人士而言，良好的性格有助于其更好地处理人际关系与适应工作环境，从而提高工作效率。职场人士一般应具备以下四个方面的性格特质。

（一）正确的态度

正确的态度主要表现如下：① 热爱集体，关心社会，具有社会责任感，敢于担当，乐于助人；② 对待工作认真细心，能够吃苦耐劳，富有创新精神；③ 严于律己，谦虚谨慎。

（二）坚忍的意志

坚忍的意志主要表现如下：① 目标明确，不易受他人的干扰，不盲目从众；② 自制力较强，能够有效控制自己的行为；③ 遇到困难或紧急情况时，能够保持沉着冷静；④ 做事有恒心、有毅力，能够坚持不懈地完成工作任务。

（三）积极的情绪

积极的情绪主要表现如下：① 情绪稳定；② 心态积极向上，能够精神饱满地面对工作与生活。

（四）较强的自制力

较强的自制力主要表现如下：① 求知欲较强，能够主动学习；② 有进取心，不轻言放弃，能够有效地应对挫折；③ 能够有效地克服自卑感，保持自信。

四、塑造良好的职业性格的途径

职场人士应根据职业需要，从以下几个途径塑造良好的职业性格，从而更好地适应多变的职业环境。

（一）树立正确的价值观

一个人的性格受到自身价值观的影响与制约。一个人如果拥有正确的价值观，就会表现出富有责任心、敢于担当、乐于助人等良好的性格特质。职场人士应树立正确的价值观，坚持正确的价值导向，养成良好的行为习惯，为塑造良好的职业性格奠定坚实的基础。

小贴士

价值观对性格的影响路径为：价值观决定行为方式→行为方式影响习惯→习惯影响性格。

修身养性

积极践行社会主义核心价值观

社会主义核心价值观是社会主义先进文化的精髓，是当代中国精神的集中体现，凝结着全体人民共同的价值追求。富强、民主、文明、和谐，自由、平等、公正、法治，爱国、敬业、诚信、友善，这 24 个字是社会主义核心价值观的基本内容。其中，爱国、敬业、诚信、友善是公民个人应遵循的价值准则。

1．爱国

爱国是人们对祖国的依恋、爱护，以及与此相应的实际行动。爱国是公民应遵循的最基本的价值准则，也是中华民族的光荣传统。

2．敬业

敬业是公民应遵守的最基本的职业道德。一个人无论从事哪种职业、担任哪种职务，都应用辛勤的劳动践行敬业这一朴素却高尚的美德，在平凡中铸就非凡。

3．诚信

诚信即诚实守信，是处理人际关系的基本伦理原则和道德规范，也是公民应具有的基本的德性和品行。诚信的要义是真实无欺不作假、真诚待人不说谎、践行约定不食言。

4．友善

友善是人与人之间相互尊重、相互关心、相互帮助、和睦友好的道德意识和行为方式，体现为个体基于善意同情宽容他人和助人为乐两个方面。友善是建设和谐社会、实现民族梦想的重要精神条件和价值支撑。

资料来源：http://news.cntv.cn/special/shzyhxjzg/#001，有改动

（二）加强自我教育

自我教育是指在自觉的基础上，行为主体通过不断的学习和自我批评，有目的、有计划地提高自己的认识、改造自己的思想的活动。其特点是自觉接受正确的思想和行为，克服错误思想和不良行为，促使自己不断进步。

可通过以下三种方式进行自我教育：

（1）自省。对自己的思想和言谈举止进行分析和反思，总结出自己性格中的优点和缺点，并改正缺点。

（2）自警。保持警惕，常敲警钟，对自己的价值观和言行保持高度的警觉，对可能出现的不良思想和行为要防微杜渐。例如，小陈喜欢用激人奋进的名言警句作为自己的座右铭，以时刻提醒自己做事要持之以恒，防止自己形成害怕困难的性格。

（3）自励。自我勉励、自我激励，以增强自己的意志力，不断提高、完善自己。

（三）积极参加集体活动

积极参加集体活动（如聚餐活动，见图 8-1），有助于在实践过程中增强团队合作意识，提高人际交往能力和心理承受能力，从而塑造良好的职业性格。

图 8-1　聚餐活动

（四）培养积极向上的心态

一个人偶尔心情不好，对性格不会有太大影响；但若长期心情不好，就容易形成暴躁、易怒的性格。人们应乐观地面对工作与生活，始终保持积极向上的心态。当遇到挫折与失败时，应从好的方面去想，保持“塞翁失马，焉知非福”的心态，以解除烦恼。当情绪十分低落时，应主动向亲朋好友倾诉（见图 8-2）或咨询心理医生，切忌将烦恼积压在心中，否则容易导致性格畸形发展。

图 8-2　向亲朋好友倾诉

探索与交流

扫描二维码，根据其中的测试题测一测你的情绪健康状况。

1. 计分方法

本次测试共有 16 道测试题，每道题可以选择 A、B、C、D 四个选项。在这 16 道测试题中，A、B、C、D 选项依次代表 0，1，2，3 分。每个选项所表示的含义如下：

A——没有　　B——轻度　　C——中度　　D——严重

2. 测试结果

计算16道测试题的总得分，并判断你的情绪健康状况位于下列哪一个区间：

测一测你的情绪健康状况

（1）0～17分，无抑郁。你有较好的应对打击和负面情绪的方法，你能够想尽办法让自己快速走出阴霾，将负面情绪对自己的影响时间缩到最短。

（2）18～30分，轻度抑郁。遇到问题时，你并没有想出正确的解决方法，不会主动去解决问题，而是消极地等待问题自行消失。

（3）31～39分，中度抑郁。你是一个比较被动、疏懒的人，喜欢回避社交和疏远朋友。遇到问题时，你容易产生负面情绪，而且这样的负面情绪会让你感到度日如年。

（4）39分以上，重度抑郁。你已出现情绪低落、自我责备、焦虑不安或反应迟钝的症状，并伴有失眠、食欲减退、体重减轻等症状。你可能已经意识到自己的问题，但你并不想去面对和解决。你需要尽早咨询心理医生，寻求专业的心理治疗。不要妄想这些症状会随着时间和事件的过去而过去。

教师挑选几名情绪健康状况较好的学生，请他们分享保持积极情绪的方法。

班级＿＿＿＿＿＿＿ 姓名＿＿＿＿＿＿＿ 学号＿＿＿＿＿＿＿

任务实施——职业性格测试

1. 任务描述

根据给出的测试题，测一测自己的职业性格，然后根据测试结果选择适合自己的职业。

2. 任务目的

（1）了解职业性格的四个维度。

（2）熟悉职业性格的类型。

（3）掌握职场人士应具备的性格特质。

（4）掌握塑造良好的职业性格的途径。

3. 寻找伙伴

寻找 3～5 名伙伴组成一个小组，从中选出组长，由组长进行任务分工，然后将相关信息填入表 8-3 中。

表 8-3 小组成员及分工情况

<table>
<tr><td>班级</td><td></td><td>组号</td><td></td><td>指导教师</td><td></td></tr>
<tr><td>小组成员</td><td>姓名</td><td>学号</td><td colspan="3">任务分工</td></tr>
<tr><td>组长</td><td></td><td></td><td colspan="3"></td></tr>
<tr><td rowspan="4">组员</td><td></td><td></td><td colspan="3"></td></tr>
<tr><td></td><td></td><td colspan="3"></td></tr>
<tr><td></td><td></td><td colspan="3"></td></tr>
<tr><td></td><td></td><td colspan="3"></td></tr>
</table>

4. 知识储备

在进行性格测试前，需要回答以下问题。

问题 1：职业性格的类型有哪些？

问题 2：职场人士应具备哪些性格特质？

问题 3：塑造良好的职业性格的途径有哪些？

班级＿＿＿＿＿＿＿　姓名＿＿＿＿＿＿＿　学号＿＿＿＿＿＿＿

5. 任务实施

（1）扫描二维码，根据其中的测试题测一测你的职业性格类型，并将测试结果填入表 8-4 中。

（2）根据测试结果选择适合自己的职业，并将所选职业填入表 8-4 中。

（3）在组内开展讨论，分析所选职业对从业者性格的具体要求和自己的实际性格与该要求之间的差距，并将其填入表 8-4 中。

（4）根据上述差距制订塑造自己职业性格的方法，并将其填入表 8-4 中。

测一测你的职业性格

表 8-4　任务实施记录表

项目	具体内容
测试结果与所选职业	
所选职业对从业者性格的具体要求	
实际性格与上述要求之间的差距	
塑造职业性格的方法	

6. 考核评价

教师根据每名学生的任务实施情况和表 8-5 中的内容进行评价。

表 8-5　考核评价表

项目	评价内容	分值	教师评分
专业能力	理解本任务重要知识点	20	
	能选择适合自己的职业	25	
	性格测试的整体效果好	25	
职业素养	自我认知准确	15	
	语言组织能力强，字迹工整，书面整洁	15	
合　计		100	
综合评语		教师（签名）：	

任务二 提高职场情商

案例导入

小刘大学毕业后，应聘到一家电子企业从事质量检测工作。他工作踏实，又愿意学习，很快便成了质量检测方面的技术专家。

有一次，客户因质量问题，将订购的一批机器设备退了回来。经检测，小刘认定是这批机器设备本身存在技术缺陷，需要返厂加工。他向工厂提供了明确的技术解决方案，工厂重新加工该批设备后将其发给了客户。不料，不久后，该批设备再次出现质量问题，客户直接将相关情况反馈给了小刘的领导，并表达了不满。

领导找到小刘，将其批评了一顿。小刘认为这不是自己的责任，他已将解决方案给了工厂，是工厂没有严格按照该方案中的要求加工才导致再次出现质量问题。面对领导的批评，小刘感到不服，并与领导争吵了起来。

请思考：

（1）在职场中，情商重要吗？职场情商低的主要表现有哪些？

（2）小刘的情商如何？提高职场情商的基本途径有哪些？

相关知识

有心理学家认为，一个人成就的80%取决于他的情商，仅有20%取决于他的智商。情商属于非智力因素，是保证智力在实践中充分发挥作用的关键。人类的情商并无明显的先天差别，情商的高低，更多取决于后天的培养。职场人士应在实践中努力提高自己的情商，展示独特的人格魅力，以在他人心中留下好相处的印象，进而建立和谐、融洽的人际关系，为取得事业成功奠定良好的基础。

一、什么是情商

情商又称情绪智力，是指个体在情绪、情感、意志、耐受挫折等方面的品质。具体而言，情商包括以下内容：

（1）认识、评价和表达自己情绪的能力。具有该能力的人，能够察觉自身某种情绪的出现，直面自己真实的内心感受，监控自身情绪的变化过程，理性表达自己的情绪。

（2）调节情绪的能力。具有该能力的人，能够调节自己的情绪，使其保持稳定。

（3）识别他人情绪的能力。具有该能力的人，能够通过细节（如微表情）敏锐地感受到他人情绪的变化。

（4）处理人际关系的能力。具有该能力的人，能够与他人和睦相处。

知识窗

智商与情商的区别

智商与情商都是人的重要的心理因素，都是取得事业成功的基础。两者的区别具体如下。

1. 反映出的心理品质不同

智商的全称为智力商数，是个人智力水平的数量化指标。智商可以反映出一个人的记忆能力、观察能力、想象能力、思考能力、判断能力等。情商的全称为情绪商数，是测定和描述人的情感状况的一种指标。情商可以反映出一个人的感受能力、理解能力、表达能力、调节自身情绪的能力，以及处理自己与他人之间人际关系的能力。

2. 形成的基础不同

智商与情商虽然都与生物遗传因素、后天环境因素相关，但两者受生物遗传因素和后天环境因素影响的程度不同。智商受生物遗传因素的影响较大，而情商受后天环境因素的影响较大。

3. 作用不同

智商的作用主要是帮助一个人更好地认识与改造世界。情商的作用主要是通过影响一个人的情绪、兴趣、意志来增加或减少其认识与改造世界的动力。高情商者，即使智商不高，工作效率不如高智商者，也可以通过发挥锲而不舍的精神，取得比高智商者更好的工作效果。

资料来源：王薇. 职业形象设计［M］. 北京：电子工业出版社，2020.

二、职场情商低的主要表现

在职场中，低情商者的社交能力通常较差，容易给人留下情绪消极、不会说话的印象。此外，低情商者还缺乏合作意识，总是我行我素，不懂得照顾他人的心情和面子，因而容易和他人产生摩擦。具体而言，职场情商低的主要表现如下：

（1）自我意识薄弱，缺乏自信。

（2）没有明确的目标，也不打算为之付出。

（3）严重依赖他人，没有主见，缺乏独立自主的精神。

（4）虚荣心和好胜心较强，喜欢吹嘘、炫耀自己，经常通过贬低他人来抬高自己。

（5）说话和做事从不考虑他人的感受。

（6）喜欢抬杠，只要听见他人在讨论事情，就会掺和进去发表自己的“高见”，并且还会较真，经常因为一些鸡毛蒜皮的事情与他人争得脸红脖子粗。

（7）控制情绪的能力较差，喜怒无常，与他人一言不合就会暴跳如雷，被人夸几句又会眉开眼笑。

（8）心理承受能力较差，受不了打击，容易焦虑，爱抱怨。

（9）总是为自己的失败找借口，喜欢推卸责任。

（10）做事怕困难，胆量小。

探索与交流

扫描二维码，根据其中的测试题测一测你的情商。

测一测你的情商

1．计分方法

第 1～8 题，选 A 得 6 分，选 B 得 3 分，选 C 得 0 分。计____分。

第 9～24 题，选 A 得 5 分，选 B 得 2 分，选 C 得 0 分。计____分。

第 25～28 题，选 A 得 0 分，选 B 得 5 分。计____分。

第 29～32 题，选 A 得 1 分，选 B 得 2 分，选 C 得 3 分，选 D 得 4 分，选 E 得 5 分。计____分。

总计____分。

2．测试结果

根据测试的得分，判断你的情商位于下列哪一个区间：

（1）得分在 90 分以下，说明你的情商较低。你常常不能控制自己，极易被自己的情绪所影响。很多时候，你容易被激怒，爱发脾气，这是非常危险的信号，你的事业可能会毁于你的急躁。对此，最好的解决办法是保持头脑冷静，使自己心情开朗。

（2）得分在 90～129 分，说明你的情商一般。对于同一件事情，你在不同时候的处理方式可能不太一样。你应时时提醒自己要提高情商。

（3）得分在 130～149 分，说明你的情商较高。你是一个快乐的人，不容易感到恐惧或担忧。对于工作，你全身心投入，敢于负责。你为人正直，愿意关爱他人。这是你的优点，应努力保持。

（4）得分在 150 分以上，说明你的情商很高。你的情商有助于你获得事业上的成功。

三、提高职场情商的途径

高情商者的特点有：社交能力强，外向且常常保持愉悦的心情，对工作投入（见图 8-3），为人正直，富有同情心，情感生活丰富但不逾矩。

图 8-3 对工作投入

职场人士可通过以下途径提高职场情商。

（一）真正认识自己

认识自己基于对自己的洞察和剖析。真正认识自己，实事求是地评价自己，是提高职场情商的基本前提。一般而言，可采取以下方式认识自己。

1. 自我观察

在认识自己的过程中，可认真观察自己的生理特征（包括容貌、身高、体形等）和心理状态（包括性格、情绪等），分析自己的人际关系情况，深入剖析自己，由外及内，认识真正的自己。

2. 他人评价

俗话说，当局者迷，旁观者清。在认识自己的过程中，可主动向他人了解自己在他人心目中的形象，并客观、冷静地分析他人对自己的评价，以便从多个角度来认识自己。

3. 社会比较

社会比较是指个体就自己的性格、态度、信念、想法等与其他人做比较。在自我观察和他人评价中，难免会掺杂主观因素。为了排除这种主观因素的干扰，在认识自己的过程中，还可以就某些方面，将自己和“与自己类似”的人进行比较，从而更客观地认识自己。

4. 社会实践

积极参加各种社会实践（如读书分享会，见图 8-4），然后通过分析实践的过程与结果来认识自己，如通过分析实践过程中的合作情况来认识自己的人际沟通能力。

图 8-4 读书分享会

（二）善于调节自己的情绪

灵活运用各种情绪管理技巧有意识地调节自己的消极情绪，从而保持情绪稳定、心态积极。

当遇到令人忧虑的问题时，先分析可能出现的最糟糕的情况，然后做好接受最糟糕情况的心理准备，并想好应对方法，同时将精力投入工作中，不让自己被忧虑情绪所困。当遇到挫折时，告诉自己挫折是生活的一部分，既会困扰自己，也会困扰他人，然后进行积极的心理暗示，以抚慰自己因挫折而受伤的心灵。当遇到令人愤怒的情况时，先告诉自己发怒无济于事，然后转移自己的注意力，尽量避免冲动行事。

涂先生的改变

涂先生是一家公司的职员，他擅长编写代码，曾经是该公司的技术骨干。后来，新领导上任，录用了两名年轻的新员工，并对这两名新员工委以重任，让其负责新项目的研发工作。

涂先生很想参与该项目，并向新领导提交了项目计划书，却迟迟没有等来回音。看到两名新员工整日攻坚克难，涂先生心里很不是滋味，他不由得犯嘀咕：新领导对我的计划书没有做出回应，可能是瞧不起我，他会不会辞退我？涂先生越猜测，情绪越低落。

见到领导时，涂先生总感觉对方态度冷淡。不久后，他觉得其他同事在背地里也议论自己。渐渐地，他变得不想上班，怕见熟人，整日里都是一副无精打采、忧愁伤感的模样，在同事们眼里也慢慢变成了一个怪人。

无奈之下，涂先生去咨询了心理医生。经过心理医生的开导，涂先生豁然开朗，他心想：“不就是个新项目吗？不让我参与，我正好歇着，用不着加班加点了。再说了，新领导不安排我参与这个项目，可能是担心和两名新员工平起平坐会伤我自尊。他也是在照顾我的面子啊！”

这样一想，涂先生再看领导时也觉得对方亲切了，看其他同事也顺眼了。他成功地安慰了自己，心态越来越好，工作积极性越来越高，与同事的关系也越来越融洽。

（三）正确识别他人的情绪

正确识别他人的情绪是为了更好地与对方相处，而不是为了讨好、奉承对方。一般而言，可通过他人的语调和语速、面部表情、肢体动作来识别其情绪。

1. 语调和语速

一个人说话的语调、语速不同，表达的情绪也截然不同。若对方提高语调或加快语速，则表示其很气愤，不认可或很重视当前讨论的事情。若对方语调低沉，则表示其缺乏自信。若对方语调平稳且缺乏感情，则表示其对当前讨论的事情不感兴趣。若对方突然降低语调或减慢语速，则表示其对当前讨论的事情不太确定或不方便讨论此事。

2. 面部表情

眼睛和眉毛比较容易传递一个人的情绪。在说话过程中，若对方瞳孔放大，则表示其感到兴奋；若对方目光游离，则表示其不感兴趣或感到紧张；若对方双眉上扬，则表示其感到吃惊或喜悦；若对方双眉下垂，则表示其感到愤怒。

3. 肢体动作

在说话过程中，若对方有意避开身体接触，则表示其有抵触情绪；若对方身体前倾（见图 8-5），则表示其感兴趣；若对方抱起双臂，则表示其不感兴趣或抱着旁观的心态；若对方挠头或摸下巴，则表示其感到紧张或不安；若对方双手叉腰，则表示其感到自豪或在示威。

图 8-5　说话时身体前倾

（四）正确处理人际关系

处理人际关系的技巧有很多，下面主要介绍关爱他人和宽容他人的技巧。

1. 关爱他人

关爱他人的人往往能够赢得他人的尊重，得到他人的关心和帮助，获得更多的发展机会。从某种程度上来说，关爱他人也是关爱自己。

关爱他人，应心怀善意。当他人遇到困难时，应在道义上给予支持，在物质上给予帮助，在精神上给予关怀。关爱他人，应尽己所能。关爱不分大小，贵在有爱心。一个人的能力有大小，但只要尽己所能为他人排忧解难，就是一个友善和值得称赞的人。

值得注意的是，关爱他人，要讲究策略。在帮助他人时，要考虑他人的内心感受，不

伤害他人的自尊心。

2. 宽容他人

宽容是一种修养、一种品质，更是一种美德。宽容他人，不仅能够体现宽容者的修养、胸襟、气度和品格，还能够赢得他人的尊重，有助于做到与各种性格的人和睦相处、合作共赢。

做到宽容他人，首先应学会换位思考，站在对方的角度考虑问题，理解对方的想法，将彼此的矛盾最小化，然后用宽容的心接受对方。宽容他人，应先从自己的身上找问题，学会主动承担责任，而不应一味责怪对方。

探索与交流

情景一：小赵来公司三年了，领导开始将比较重要的工作交给他负责。面对棘手的工作，小赵十分不满，总是向好友吐槽："都把苦差事交给我，他们也太自私了，都没人替我分担一点！这种日子什么时候是个头啊？"

情景二：小钱毕业后找到了满意的工作，但才上了两个月班，他就闹着要辞职。原来，当同事坦率地指出小钱在工作上存在的问题时，小钱回应的第一句话要么是"没有啊!"，要么是"不会啊!"结果，双方常常争执起来。渐渐地，没有人愿意再给小钱提建议了。后来，领导发现了这一问题，就批评了小钱。小钱又气又恼，扬言要立马辞职。

2 人一组，讨论以下问题:

（1）如果情商的满分为 10 分，你会给小赵、小钱的情商分别打多少分?

（2）如果你是小赵，你会如何面对棘手的工作?

（3）如果你是小钱，当同事指出你在工作上存在的问题时，你会如何回应?

班级__________ 姓名__________ 学号__________

任务实施——展现情商

1. 任务描述

在餐厅服务员、酒店大堂经理、空乘人员、教师、银行职员等职业中任选其一，根据所选职业的特点和要求，设定一个能够充分展现情商的情景，然后进行情景模拟。

2. 任务目的

（1）了解情商的含义。

（2）熟悉职场情商低的主要表现。

（3）掌握提高职场情商的基本途径。

3. 寻找伙伴

寻找 3～5 名伙伴组成一个小组，从中选出组长，由组长进行任务分工，然后将相关信息填入表 8-6 中。

表 8-6 小组成员及分工情况

<table>
<tr><td>班级</td><td></td><td>职业</td><td></td><td>指导教师</td><td></td></tr>
<tr><td>小组成员</td><td>姓名</td><td>学号</td><td colspan="3">任务分工</td></tr>
<tr><td>组长</td><td></td><td></td><td colspan="3"></td></tr>
<tr><td rowspan="4">组员</td><td></td><td></td><td colspan="3"></td></tr>
<tr><td></td><td></td><td colspan="3"></td></tr>
<tr><td></td><td></td><td colspan="3"></td></tr>
<tr><td></td><td></td><td colspan="3"></td></tr>
</table>

4. 知识储备

在进行情景模拟前，需要回答以下问题。

问题 1：职场情商低的主要表现有哪些？

问题 2：提高职场情商的途径有哪些？

5. 模拟练习

（1）根据所选职业的特点和要求，设定一个能够充分展现情商的情景，并将其填入表 8-7 中。

（2）在组内开展情景模拟，并将自己在模拟过程中表现出的情商状况填入表 8-7 中。

（3）组内成员就情景模拟过程中表现出的情商状况相互点评。

班级__________ 姓名__________ 学号__________

（4）将他人对自己表现出的情商状况的评价填入表 8-7 中，并根据该评价制订提高自己情商的方法。

表 8-7　模拟练习记录表

项目	具体内容
所设定的情景	
自己在模拟过程中表现出的情商状况	
他人对自己表现出的情商状况的评价	
提高情商的方法	

6. 情景模拟与考核评价

进行情景模拟，教师根据每名学生表现出的情商状况和表 8-8 中的内容进行评价。

表 8-8　考核评价表

项目	评价内容	分值	教师评分
专业能力	理解本任务重要知识点	20	
	职场情商较高	25	
	情景模拟的整体效果好	25	
职业素养	言谈举止优雅、得体	15	
	语言组织能力强，字迹工整，书面整洁	15	
合　计		100	
综合评语		教师（签名）：	

学习成果自测

1. 填空题

（1）职业性格包括________、________、________、________等四个维度。

（2）一个人的性格受到自身________的影响与制约。

（3）人们可通过________、________、________等三种方式进行自我教育。

（4）________是指个体就自己的性格、态度、信念、想法等与其他人做比较。

2. 单项选择题

（1）（　　）是个体最重要的职业性格倾向。

A．外向（E）—内向（I）　　B．感觉（S）—直觉（N）

C．思维（T）—情感（F）　　D．判断（J）—知觉（P）

（2）职场人士应具备正确的态度。（　　）不属于正确的态度的表现。

A．具有社会责任感　　B．富有创新精神

C．谦虚谨慎　　D．待人严苛

（3）情商不包括（　　）。

A．认识、评价和表达自己情绪的能力　　B．处理人际关系的能力

C．识别他人情绪的能力　　D．研究问题的能力

3. 案例分析题

小周喜欢评价他人的穿着打扮。有一次，小周和小王一起用餐，小周对小王说道："你今天穿的这件上衣真丑。你本来就胖，穿上这件上衣显得你更胖了！"听到这话，小王面露不悦，可小周却视而不见，继续说道："你今天穿的鞋子也不好看。颜色这么深，和你的裤子几乎要融为一体了……"小周越说越起劲，小王的脸色也越来越难看。

请问小周的做法存在哪些问题？可能会引起什么后果？

学习成果评价

请进行学习成果评价，并将评价结果填入表 8-9。

表 8-9　学习成果评价表

<table>
<tr><td>班级</td><td></td><td>姓名</td><td></td><td>学号</td><td></td></tr>
<tr><td rowspan="2">评价项目</td><td rowspan="2" colspan="2">评价内容</td><td rowspan="2">分值</td><td colspan="2">评分</td></tr>
<tr><td>自我评分</td><td>教师评分</td></tr>
<tr><td rowspan="7">知识
40%</td><td colspan="2">职业性格的四个维度</td><td>7</td><td></td><td></td></tr>
<tr><td colspan="2">职业性格的类型</td><td>7</td><td></td><td></td></tr>
<tr><td colspan="2">职场人士应具备的性格特质</td><td>7</td><td></td><td></td></tr>
<tr><td colspan="2">塑造良好的职业性格的途径</td><td>7</td><td></td><td></td></tr>
<tr><td colspan="2">情商的定义</td><td>4</td><td></td><td></td></tr>
<tr><td colspan="2">职场情商低的主要表现</td><td>4</td><td></td><td></td></tr>
<tr><td colspan="2">提高职场情商的途径</td><td>4</td><td></td><td></td></tr>
<tr><td rowspan="2">技能
40%</td><td colspan="2">能塑造良好的职业性格</td><td>20</td><td></td><td></td></tr>
<tr><td colspan="2">能展现较高的职场情商</td><td>20</td><td></td><td></td></tr>
<tr><td rowspan="4">素养
20%</td><td colspan="2">积极参加教学活动，遵守课堂纪律</td><td>5</td><td></td><td></td></tr>
<tr><td colspan="2">具备良好的学习态度</td><td>5</td><td></td><td></td></tr>
<tr><td colspan="2">认真完成任务实施</td><td>5</td><td></td><td></td></tr>
<tr><td colspan="2">主动与他人合作与沟通</td><td>5</td><td></td><td></td></tr>
<tr><td colspan="3">合　计</td><td>100</td><td></td><td></td></tr>
<tr><td colspan="3">总分（自我评分×40%+教师评分×60%）</td><td colspan="3"></td></tr>
<tr><td>自我评价</td><td colspan="5"></td></tr>
<tr><td>教师评价</td><td colspan="5"></td></tr>
</table>

参考文献

［1］张华，周兴中．职业形象与职场礼仪［M］．北京：化学工业出版社，2017.

［2］张岩松．职业形象设计［M］．2 版．北京：清华大学出版社，2019.

［3］朱芸．唐宋时期服饰色彩的研究［D］．西安：陕西师范大学，2010.

［4］李晓妍，刘慧，孟会芳．化妆技巧与形象设计［M］．北京：航空工业出版社，2017.

［5］朱海燕，王秀萍，李伟，等．中国茶礼仪及其文化内涵［J］．湖南农业大学学报（社会科学版），2013，14（01）.

［6］凌林．选择最佳的批评方式［J］．知识窗（教师版），2014（03）.

［7］王薇．职业形象设计［M］．北京：电子工业出版社，2020.

［8］吴雨潼．职业形象设计与训练［M］．6 版．大连：大连理工大学出版社，2019.

［9］何瑛，孔维娴．职业形象塑造［M］．2 版．北京：科学出版社，2019.

［10］赵亚琼，秦艳梅．职业形象与礼仪［M］．北京：北京理工大学出版社，2018.

［11］杜巍．职业礼仪与形象设计［M］．北京：北京理工大学出版社，2019.

［12］王雨婷．职业形象与礼仪［M］．成都：电子科技大学出版社，2016.

［13］徐飞．社交礼仪［M］．长春：北方妇女儿童出版社，2019.